Gustl Keller

Oberflächenmontagetechnik

Eine praxisnahe Einführung in die SMT

Oberflächenmontagetechnik

Eine praxisnahe Einführung in die SMT

Gustl Keller

Erste Auflage mit 97 Abbildungen
und 14 Tabellen

EUGEN G. LEUZE VERLAG · D-88348 SAULGAU/WÜRTT.
Verlag der Fachzeitschrift „Galvanotechnik"

Printed in Germany · Imprimé en Allemagne
1995

ISBN 3-87 480-112-8

EUGEN G. LEUZE VERLAG · D-88348 SAULGAU

Satz, Druck und Gesamtherstellung:
Lorenz Senn GmbH + Co. KG, D-88069 Tettnang

Vorwort

Die Oberflächenmontagetechnik oder Surface Mount Technology (SMT) ist in den letzten Jahren zur wichtigsten Aufbautechnik elektronischer Baugruppen und zur wichtigsten Montagetechnik elektronischer Bauelemente geworden. Sie hat sich rasant entwickelt, und ihre Bedeutung wächst ständig.

Die SMT ist eine innovationsfördernde und eine wirtschaftliche Technik. Sie ermöglicht die weitere Miniaturisierung von Elektronikgeräten und die Verbesserung der funktionellen Eigenschaften der Schaltungen sowie deren kostengünstigere Herstellung. Im Wettbewerb mit anderen Technologien weist die SMT in diesen Punkten entscheidende Vorteile auf. Deshalb gehört ihr die Zukunft.

Dieses Buch soll den Einstieg in und den Umgang mit der SMT erleichtern. Trotz seiner Kompaktheit vermittelt es mehr als nur ein Grundwissen. Die SMT wird umfassend und ganzheitlich dargestellt. Das Buch zeigt die Beziehungen zwischen Bauelementen, Schaltungsträgern, Design und Produktion auf. Auf größere mathematische Ableitungen wurde bewußt verzichtet. Stattdessen werden die Sachverhalte mit zahlreichen Abbildungen verdeutlicht. Wegen des rasanten Fortschritts auf allen Gebieten der SMT überwiegen qualitative gegenüber quantitativen Informationen. Die angegeben Zahlenwerte sind aktuell. Sie beruhen zum größten Teil auf Firmen-, Kongreß- und Messeinformationen der Jahre 1993 und 1994. Damit ist dieses Buch die aktuellste Einführung in die SMT.

Allen Personen und Unternehmen, die mich mit Daten und Bildern unterstützt haben, spreche ich hiermit meinen Dank aus. Ich danke besonders dem *Eugen G. Leuze Verlag,* der in dieser wirtschaftlich schwierigen Situation dieses und andere neue Bücher über die Elektronikproduktion herausgibt. Ich wünsche ihm dabei viel Erfolg!

Lichtenstein, im Winter 1995 Gustl Keller

Inhaltsverzeichnis

1 Einführung in die SMT

1.1 Was ist Oberflächenmontage? – Begriffe und Erläuterungen

Die Oberflächenmontagetechnik ist eine Technik für den Aufbau und die Herstellung von Elektronikbaugruppen. Die Montage von elektronischen und/oder elektromechanischen Bauelementen auf die Oberfläche von Schaltungsträgern wird als Oberflächenmontage bezeichnet. Für die Oberflächenmontage werden keine Montagebohrungen benötigt. Die Anschlüsse der Bauelemente werden in der Oberflächenmontagetechnik auf die Lötflächen (häufig auch als Anschlußflächen oder Pads bezeichnet) eines Schaltungsträgers gelötet. Dies ermöglicht einfachere Montageprozesse und eine Miniaturisierung von Bauelementen sowie Baugruppen *(Abb. 1.1)*.

Unter Oberflächenmontagetechnik (engl.: ***S****urface* ***M****ount* ***T****echnology*, Abk.: *SMT*) versteht man die Gesamtheit aller Aufbau- und Montagetechniken von Oberflächenmontagebaugruppen. Die SMT ist mehr als nur eine reine Bestückungstechnik. Die SMT umfaßt den gesamten Baugruppenprozeß vom Design bis zur Prüfung sowie die spezielle Bauelementgestaltung für die Oberflächenmontage.

Oberflächenmontagebauelemente (engl.: ***S****urface* ***M****ount* ***D****evices*, Abk.: *SMD*) sind aufgrund ihrer Bauform und Anschlußgestaltung speziell für die SMT konzipiert. SMD weisen kleinere Abmessungen und geringere Massen als entsprechende Lochmontagebauelemente auf.

SMD und Schaltungsträger werden (abgesehen von Sonderfällen) durch Löten miteinander verbunden. Ein Verbinden durch Leitkleben ist möglich. Die in Oberflächenmontagetechnik realisierten Baugruppen werden als Oberflächenmontagebaugruppen (engl.: ***S****urface* ***M****ounted* ***A****ssemblies*, Abk.: *SMA*) bezeichnet.

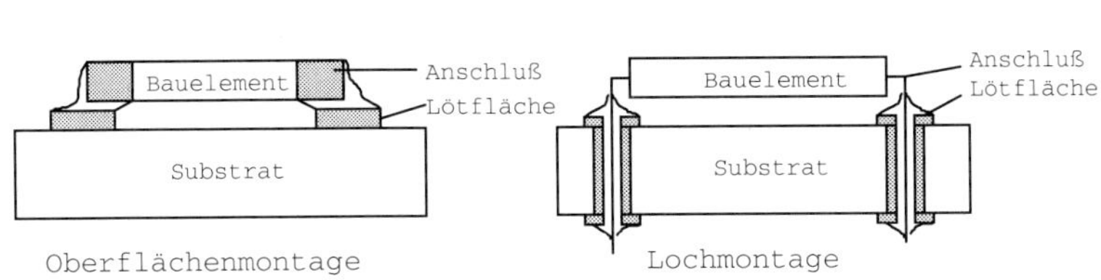

Abb. 1.1: Vergleich von Oberflächen- und Lochmontage

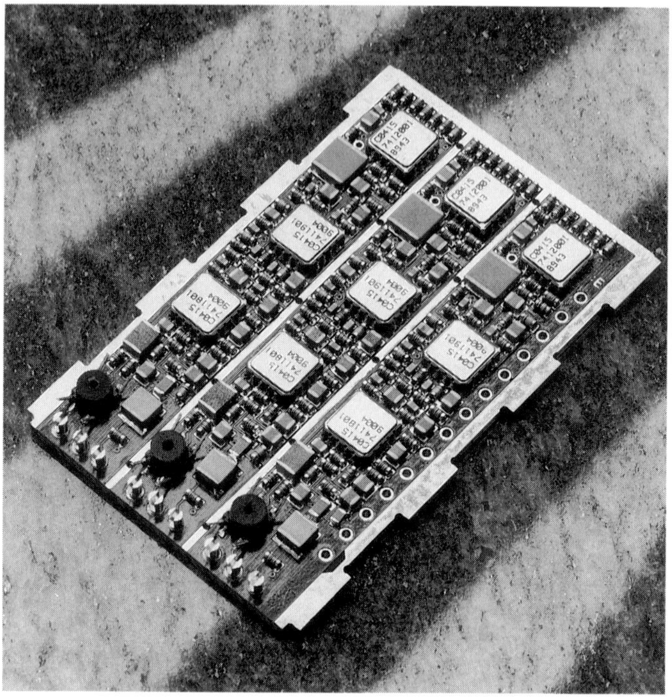

Abb. 1.2: 3-Kanal HF-Verstärker-Baugruppe in SMT *(TEMIC MBB Mikrosysteme GmbH)*

Reine Oberflächenmontagebaugruppen sind noch selten. Überwiegend werden Elektronikbaugruppen in Mischbestückungstechnik (Loch- und Oberflächenmontage - teilweise schon in Direktmontage - auf demselben Substrat) realisiert *(Abb. 1.2)*.

1.2 Verbindungstechniken elektronischer Baugruppen (Übersicht)

Elektronische und elektromechanische Bauelemente können in unterschiedlicher Weise auf Schaltungsträger montiert und mit diesen verbunden werden. Teilweise lassen sich elektronische Funktionen (Bauelementefunktionen) sogar direkt in die Schaltung integrieren, d.h. auf dem Schaltungsträger zusammen mit dem Leiterbild herstellen.

Folgende Aufbau- und Verbindungstechniken kommen abhängig vom Anwendungsfall als Alternative zur Oberflächenmontagetechnik in Frage:

- Stecktechnik
- Lochmontagetechnik
- Einpreßtechnik
- Direktmontagetechnik
- Hybridtechnik

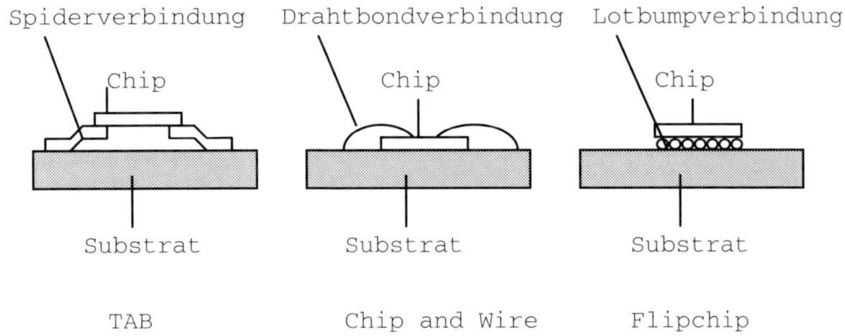

Abb. 1.3: Direktmontage

Die älteste Technik ist die Stecktechnik. Schon Elektronikröhren wurden "gesteckt". Sie wurden per Fassung auf das Gerätechassis montiert. Heute werden Bauelemente, insbesondere Integrierte Schaltungen (engl.: ***I****ntegrated* ***C****ircuits*, Abk.: *IC*) mit vielen Anschlüssen, zwecks leichterem oder mehrfachem Ein- und Ausbau per Fassung auf Leiterplatten montiert. Die Fassungen werden zuvor in Lochmontagetechnik aufgebracht. Die Stecktechnik ist wegen der einfachen Lös- und Wiederherstellbarkeit der Verbindungen vorteilhaft. Nachteilig sind der zusätzliche Montageaufwand für die benötigten Fassungen sowie deren Kosten.

In der Lochmontagetechnik werden die (Draht-)Anschlüsse der Bauelemente in die Montagebohrungen der Leiterplatte gesteckt. Anschließend wird durch Löten eine dauerhafte Verbindung zwischen den Bauelementen und der Leiterplatte hergestellt. Die Drahtanschlüsse vieler Lochmontagebauelemente müssen vor dem Bestücken geformt und auf Länge geschnitten werden.

Die Einpreßtechnik wird für die Montage von elektromechanischen Bauelementen, vor allem von Steckverbindern angewendet. Die Drahtanschlüsse werden dabei so in die Montagebohrungen eingepreßt, daß mechanisch und elektrisch zuverlässige Verbindungen entstehen. Löten ist deshalb nicht erforderlich. Voraussetzungen für die Einpreßtechnik sind exakt zueinander passende Drahtanschlüsse und Montagebohrungen. Nur geringe Fertigungstoleranzen sind erlaubt.

Halbleiter (IC) können gehäuselos auf andere Schaltungsträger montiert werden. Die direkte Montage von Halbleiterkristallen (Chips) ohne einen Zwischenträger bzw. ohne Kunststoff-, Metall- oder Keramikgehäuse bezeichnet man als Direktmontage (engl.: ***D****irect* ***C****hip* ***A****ttachment*, Abk.: *DCA*). Die elektrischen Verbindungen zum Schaltungsträger können durch Drahtverbindungen (Drahtbonden, Chip and Wire), mittels Spiderverbindungen (***T****ape* ***A****utomated* ***B****onding*, Abk.: *TAB*) oder in Flipchiptechnik (Lotbumpverbindungen) realisiert werden *(Abb. 1.3)*.

Die Halbleiterkristalle werden meistens auf die Substrate aufgeklebt. Wenn mehrere Halbleiter auf einen Träger montiert werden, erhält man ein sogenanntes Multichipmodul (*MCM*).

Die Direktmontage von Halbleitern ergibt Baugruppen mit geringstem Platzbedarf und geringster Masse. Zur Direktmontage werden Schaltungsträger mit Feinstleiterstrukturen benötigt. Nachteilig ist, daß Halbleiter ohne (Schutz-)Gehäuse gehandhabt und

Abb. 1.4: SMD-bestückte Dünnschicht-Hybridschaltungen *(Quintenz Hybridtechnik)*

verarbeitet werden müssen. Eine Schutzabdeckung wird nach der Montage aufgebracht. Derzeit betreiben nur wenige Gerätehersteller die Direktmontage.

Als Hybridschaltungen werden Schaltungen bezeichnet, bei denen nicht nur Signal- und Stromverbindungen sondern zusätzliche Schaltungs- bzw. Bauelementefunktionen beispielsweise Widerstände in das Leiterbild integriert sind. Die nicht integrierbaren Schaltfunktionen werden in Form von Bauelementen in Direkt- oder/und Oberflächenmontagetechnik auf den Schaltungsträger montiert *(Abb. 1.4)*.

Die Oberflächenmontage wurde in der Hybridtechnik lange vor der Leiterplattentechnik eingesetzt, da sich Montagebohrungen bei den üblichen Hybridschaltungssubstraten (Keramik, Glas) nicht oder nur sehr aufwendig realisieren lassen.

1.3 Vergleich von Loch- und Oberflächenmontage *(Tab. 1.1)*

Beim Lochmontagebestücken müssen, während das Bauteil gesetzt wird, alle seine Drahtanschlüsse gleichzeitig in die dafür vorgesehenen Montagebohrungen gesteckt werden. Dies ist relativ einfach, solange die Montagebohrungen einen großen Querschnitt gegenüber demjenigen der Drahtanschlüsse haben und diese ausreichend stabil sind sowie ihre Anzahl klein ist. Eine Miniaturisierung ist deshalb bei Lochmontagebauelementen nur in Grenzen möglich.

Vorteilhaft ist beim Lochmontagebestücken, insbesondere beim Handbestücken, daß durch das Stecken der Anschlußdrähte in die Montagebohrungen eine Selbstzentrierung erfolgt.

Das automatische Bestücken ist wegen des Einsteckens dagegen schwierig. Aufwendige Maschinen werden benötigt. Da Axial-, Radial- und DIP-Bauelemente unterschiedlich zugeführt und deren Drahtanschlüsse in unterschiedlicher Weise geformt

Tabelle 1.1: Vergleich von Loch- und Oberflächemontage

Merkmal	Lochmontage	Oberflächenmontage
Bestücken	Setzen und Stecken mit Lochzentrierung Spezialautomaten	Setzen einfach und schnell ohne Selbstzentrierung Universalautomaten
Löten	Wellenlöten einfach	Wellen- und Reflowlöten schwieriger
Miniaturisierbarkeit	ungünstig	günstig
TCE-Unterschiede	kein Problem	berücksichtigen

bzw. auf Länge geschnitten werden, sind jeweils spezifische Automaten erforderlich. Bauelemente anderer Bauformen können nur manuell oder mit Spezialautomaten (z.B. Roboter) bestückt werden.

Lochmontagebaugruppen werden überwiegend maschinell in Wellenlötanlagen gelötet. Aufgrund der relativ großen Lötflächen (Lötaugen) und der über die Leiterplattenoberfläche ragenden Enden der Drahtanschlüsse können sie von der Lotwelle gut erreicht und benetzt werden. Die Abstände zwischen den Lochmontagelötstellen sind in der Regel so groß, daß beim Verlassen der Lotwelle weder eine Lotbrückenbildung noch ähnliche Effekte auftreten. Dies erklärt die geringen Lötfehlerraten beim Wellenlöten (Benchmarkingwert: 4 ppm [1]).

Das SMD-Bestücken stellt geringere Anforderungen. Die Bauteile müssen so auf die Oberfläche der Schaltungsträger gesetzt werden, daß ihre Anschlüsse auf den zugehörigen Lötflächen positioniert sind. Dies ist einfacher und geht schneller.

Bauelemente (fast) aller SMT-Bauformen können mit denselben Automaten bestückt werden.

Eine manuelle SMD-Bestückung ist ebenfalls – allerdings ohne Selbstzentrierung – möglich.

Das Miniaturisierungspotential der SMT bzw. ihrer Bauelemente ist enorm. Begrenzt wird die sinnvolle Miniaturisierung von der Positioniergenauigkeit des Bestückungssystems und den Toleranzen der beteiligten Komponenten.

Oberflächenmontagebaugruppen können reflow- und/oder wellengelötet werden. Oberflächenmontagelötstellen sind aufgrund der miniaturisierten Bauformen bzw. Anschlüsse meistens deutlich kleiner als vergleichbare Lochmontagelötstellen. Dies erschwert das Löten von SMD, ebenso die geringeren Abstände zwischen benachbarten SMD bzw. zwischen Lötflächen.

Beim Wellenlöten tritt ein Schatteneffekt auf. Die Lotwelle wird durch die eingetauchten SMD(-Körper) von den unmittelbar dahinterliegenden Lötflächen(bereichen) abgeschattet, was bei ungünstigem Design zu Lötfehlern führt.

Beim Reflowlöten können SMD aus ihrer Position wegdriften und sich sogar aufstellen, wenn das Design oder die Prozeßparameter nicht geeignet sind.

Insgesamt betrachtet, ist das Löten in der Oberflächenmontagetechnik schwieriger als in der Lochmontagetechnik. Die Lötfehlerraten sind in der SMT-Fertigung etwa zehnmal größer als in der Lochmontage.

Während in der Lochmontagetechnik unterschiedliche thermische Ausdehnungskoeffizienten von Bauelementen und Schaltungsträgern keine Probleme bereiten, müssen diese in der Oberflächenmontagetechnik berücksichtigt werden. Durch Temperaturänderungen können an den Lötstellen von SMT-Aufbauten mit ungünstiger Materialkombination und ungünstigem Design Scherkräfte entstehen, die Lötstellenschäden verursachen.

1.4 Vorteile der SMT *(Tab. 1.2)*

SMD sind keine "Schwer Montierbaren Dinger" sondern "Super Montierbare Dinger". Dies ist einer der wesentlichen Vorteile der SMT gegenüber der Lochmontage. Da SMD einfacher und schneller und somit rationeller bestückt werden können, lassen sich die Bestückungskosten senken. Niedrigere Bestückungskosten waren und sind eine Haupttriebkraft für den Einsatz von SMD. Bei entsprechendem Layout ist der Aufwand für das Löten nicht oder nicht viel größer als in der Lochmontage, so daß insgesamt günstigere Montagekosten anfallen.

Ein wichtiger technischer Vorteil ist die Miniaturisierbarkeit von Elektronikbaugruppen mittels SMT. Fläche und Volumen sowie die Masse von Bauelementen und Baugruppen können deutlich reduziert werden. Durch die Miniaturisierung ist es möglich, kürzere Signalverbindungen zu realisieren, was vor allem für höherfrequente bzw. schnelle Schaltungen günstig ist.

SMD können beidseitig und - auch bei automatischer Bestückung - beliebig orientiert montiert werden. Viele SMD-Typen sogar unter größeren Lochmontagebauteilen. Die SMT bietet damit mehr Baugruppendesignmöglichkeiten.

Es ist vorteilhaft, Bauelemente mit großer Verlustleistung in SMT-Gehäusen einzusetzen. Die kürzeren Anschlüsse zusammen mit der Montage direkt auf der Oberfläche des Schaltungsträgers ergeben eine bessere Wärmeableitung.

Ein Grund für den Übergang zu SMT-Baugruppen ist, daß hochintegrierte Halbleiterschaltungen, insbesondere solche mit sehr vielen Anschlüssen, häufig nur in Oberflächenmontagegehäusen angeboten werden. Lochmontagegehäuse sind zu groß und vor allem viel zu teuer. Lochmontagefassungen oder -gehäuse kosten häufig ein Mehrfaches des Chippreises. SMT-Bauformen sind *billiger.* SMD kosten heute meistens weniger als äquivalente Lochmontagebauelemente.

Die SMT bringt für Geräte - bzw. Baugruppenhersteller dadurch Vorteile, daß SMD weniger Lagerplatz und die SMD-Montage weniger Fertigungsfläche benötigen. Zusätzlich ist der Investitionsbedarf für eine (automatische) SMT-Fertigungslinie geringer als für eine entsprechende Lochmontagelinie. Die SMT führt also zu geringeren Fixkosten.

Da keine Montagebohrungen für SMD benötigt werden, entfällt ein Teil der Bohrkosten bei der Leiterplattenherstellung, so daß sich für einfachere Schaltungen niedrigere

Tabelle 1.2: SMT-Vorteile

Kostenvorteile	Technikvorteile
SMD (Gehäuse)	Fläche
Leiterplatte	Volumen
Bestückung/Montage	Masse
Lager- und Fertigungsfläche	kurze Signal-Verbindungen
Equipment	bessere Wärmeableitung
	mehr Designmöglichkeiten

Leiterplattenkosten ergeben. Bei komplexeren Schaltungen entfallen zwar auch Montagebohrungen, doch werden dafür mehr Umsteigerbohrungen mit kleinen Durchmessern benötigt, so daß der gesamte Bohraufwand nicht geringer wird.

Die benötigte Leiterplattenfläche ist in beiden Fällen kleiner, was zu näherungsweise proportional sinkenden Leiterplattenkosten führt.

Geringere Material- bzw. Beschaffungskosten für die SMT-Komponenten sind ein wesentlicher Vorteil der SMT.

1.5 SMT-Grundlagen

Ursprünglich wurden nur die sogenannten Chip-Bauelemente (quaderförmige Kondensatoren, Widerstände und Transistoren) auf Hybridschaltungen oberflächenmontiert. Aus dieser Technik entwickelte sich die SMT.
Inzwischen gibt es viele Möglichkeiten, Bauelemente in SMT-Bauformen auf Schaltungsträger, insbesondere Leiterplatten zu montieren.
Die Mischbestückung von Loch- und Oberflächenmontagebauelementen auf einer Leiterplatte kommt häufiger als die reine Oberflächenmontage zum Einsatz.
In erster Linie von den zu montierenden Bauelementen und der Art des Schaltungsträgers hängt die Wahl der Prozeßschritte und deren Reihenfolge ab. SMT-Prozesse können sehr unterschiedlich gestaltet sein.
Typische Beispiele für SMT-Prozesse sind:

- *einseitige SMD-Montage* mit den Prozeßschritten:
  Lotpastenauftrag, SMD-Bestücken und Reflowlöten
- *einseitige gemischte Montage* mit den Prozeßschritten:
  Lotpastenauftrag, SMD-Bestücken, Reflowlöten,
  Lochmontagebauelemente bestücken und Wellenlöten
- *getrennte SMD- und Lochmontage* mit den Prozeßschritten:
  Kleberauftrag, SMD-Bestücken, Lochmontagebauelemente
  bestücken, Wellenlöten
- *beidseitige SMD-Montage* mit den Prozeßschritten:
  Lotpastenauftrag (1. Seite), SMD-Bestücken (1. Seite),
  Reflowlöten (1. Seite), Lotpastenauftrag (2. Seite),
  SMD-Bestücken (2. Seite), Reflowlöten (2. Seite)
- *beidseitige gemischte Montage* mit den Prozeßschritten:
  Lotpastenauftrag (1. Seite), SMD-Bestücken (1. Seite),
  Reflowlöten (1. Seite), Kleberauftrag (2. Seite),
  SMD-Bestücken (2. Seite), Lochmontagebaulemente
  bestücken (1. Seite), Wellenlöten
- *Montage einzelner SMD* auf Lochmontagebaugruppen mit den
  Prozeßschritten:
  Lochmontagebauelemente bestücken, Wellenlöten,
  SMD-Einzelmontage (Bestücken mit Reflow- oder
  Kolbenlöten)
- *Montage einzelner Lochmontagebauelemente* auf SMA, wobei:
  anschließend an die Prozeßschritte der ein- bzw.
  beidseitigen SMD-Montage werden einzelne Lochmontagebauelemente
  nachbestückt und kolbengelötet.

Andere Kombinationen der aufgeführten Prozeßschritte und zusätzliche Prozeßschritte (z.B. bei der Direktmontage) sind möglich. Es gibt deshalb keinen einheitlichen SMT-Prozeß, sondern viele unternehmens- bzw. anwendungsspezifische SMT-Prozesse.

Damit der SMT-Prozeß sicher zum geplanten Ergebnis – eine funktionierende, zuverlässige Baugruppe zu geringst möglichen Kosten – führt, müssen die Prozesse im Umfeld auf die jeweilige SMT abgestimmt sein.

Wichtige Umfeldprozesse sind:

- SMD-Qualifikation
- SMD-Handling
- Leiterplattenspezifikation
- Schaltungslayout und SMA-Design
- Prüf- und Reparaturtechnik sowie SMA-Handling

2 Stand und Zukunft der SMT

2.1 Stand der SMT

Die SMT-Historie begann vor über 30 Jahren. Schon in den 60er Jahren wurden Bauelemente, vorwiegend Keramikbauteile, auf Oberflächen von Schaltungsträgern, meistens von Keramiksubstraten montiert. Damals erfolgte die Oberflächenmontage, weil Montagebohrungen bei diesen Schaltungen nicht oder nur mit immensem Aufwand hergestellt werden konnten. Die Hybridschaltungsbaugruppen wurden aus Kostengründen nur für wenige Anwendungen mit sehr hohen Anforderungen eingesetzt.

In den 70er Jahren begannen die Japaner mit der Oberflächenmontage auf Leiterplatten. Damaliges Ziel war, diskrete Bauelemente möglichst kostengünstig zu bestücken. Die SMT wurde zunächst für die Produktion von Massenprodukten (Consumerelektronik) entwickelt.

Die ersten IC mit SMT-Gehäusen kamen erst Anfang der 80er Jahre auf den Markt. Damit wurde ein allgemeiner Einsatz der Oberflächenmontage technisch und wirtschaftlich möglich.

Mitte bis Ende der 80er Jahre begann weltweit der Übergang zu SMT-Baugruppen. Inzwischen werden von vielen Unternehmen alle neuen Geräte in SMT entwickelt.

Ein wichtiges Merkmal für den Stand einer Technik ist ihr Marktanteil. Die verschiedenen Experten und Marktforschungsinstitute prognostizierten in der Vergangenheit stets zu große SMT-Marktanteile bzw. ein zu frühes Erreichen des 50%-Wertes. Wie groß der Anteil an SMDs und SMT-Baugruppenanteil gegenwärtig ist, ist nicht genau bekannt. Die 50%-Marke ist bereits bzw. wird gegenwärtig überschritten [2], [3], [4]. Damit ist die SMT die wichtigste Baugruppentechnik. SMD sind die meistverarbeiteten Bauelemente. Ihr Marktanteil wird auch in den folgenden Jahren weiterhin stark zunehmen *(Abb. 2.1, Tab. 2.1)*.

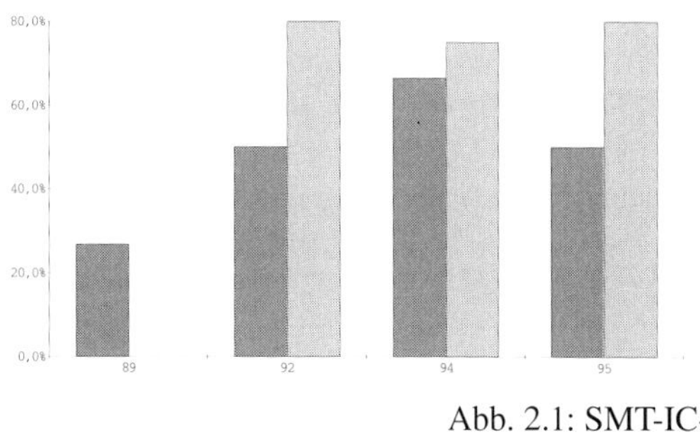

Jahr	Anteil	Quelle
1989	26,8%	[3]
1992	>50%	Motorola nach [4]
1994	66,5%	[3]
1994	75,0%	(inkl. DCA-IC) [5]
1995	>50%	ICE Corp. nach [4]

Abb. 2.1: SMT-IC-Anteil

Tabelle 2.1: SMT-Leiterplattenanteil (nach [2])

Jahr	W-Europa	Japan	USA	SO-Asien	Rest	Gesamt
1987	20 %	40 %	20 %	12 %	8 %	24 %
1992	40 %	55 %	40 %	25 %	25 %	37 %
1997	65 %	70 %	65 %	65 %	65 %	66 %

Die SMT hat sich seit ihren Anfängen deutlich gewandelt. Während früher nur wenige relativ große Anschlüsse pro Bauelement gelötet werden mußten, sind es in der modernen SMT häufig Hunderte relativ kleine Anschlüsse. Heute ist die Hauptfrage nicht, ob sondern wie sich die SMT weiterentwickeln wird.

2.2 Treibende Kräfte und Forderungen

Die SMT wurde, wie oben erwähnt, in der Anfangsphase angewendet, um die Bestückungskosten zu senken. Die Reduzierung der Montagekosten war die erste treibende Kraft zu ihrer Einführung.

Die nächste aufkommende treibende Kraft war die Miniaturisierung elektronischer Baugruppen und Geräte. Die Entwicklung von SMD verläuft heute vor allem im Hinblick auf die Einsetzbarkeit in extrem dünnen Schaltungsbaugruppen (z. B. Memory Cards).

Die dritte und gegenwärtig die SMT-Weiterentwicklung am meisten beeinflussende Kraft ist die Halbleitertechnik, insbesondere die IC-Packagingtechnik.

Die Entwicklung der SMT-IC-Gehäuse begann mit der Miniaturisierung der Lochmontagegehäuse; aus den ***D**ual **I**nline **P**ackages* (*DIP*) entstanden die ***S**mall **O**utline **P**ackages* (*SOP*). Parallel dazu, aber deutlich schneller entwickelte sich die Halbleitertechnik. Höher integrierte Halbleiterschaltungen benötigen mehr Signalein- und -ausgänge. IC mit vielen Anschlüssen wurden für die Oberflächenmontage zunächst nur in Chip Carrier-Gehäusen angeboten. Diese haben im Verhältnis zum Halbleiterkristall eine deutlich größere Fläche. Die Anschlüsse der Chip Carrier-Gehäuse sind nur an deren Peripherie angeordnet, was zu großen Leitungslängen innerhalb der Bauelemente führt. Ähnlich ist es bei den meisten anderen einige Zeit später eingeführten SMT-IC-Gehäusen.

Mit zunehmender Anschlußzahl hätten die Gehäuse bald für die SMT ungünstig große Abmessungen erreicht, wenn ihr Anschlußrastermaß nicht entsprechend reduziert worden wäre. Feinrasterbauelemente (engl.: ***F**ine **P**itch **D**evices*, Abk.: *FPD*) kamen auf den Markt. Ihr Anschlußrastermaß verringerte sich alle 2 Jahre um jeweils etwa 20 % [6]. Diese Entwicklung wird sich so lange fortsetzen, bis die FPD-Verarbeitung schwieriger und aufwendiger als die Alternativen wird.

Die drei genannten treibenden Kräfte Kosten, Miniaturisierung und Halbleitertechnik prägen nicht nur die zukünftige SMT. Sie bestimmen auch die Entwicklung aller alternativen Aufbau- und Verbindungs- bzw. Montagetechniken elektronischer Baugruppen.

Die Anforderungen an eine zukunftsträchtige Montagetechnik für Elektronikbaugruppen werden von der SMT bereits weitgehend erfüllt.

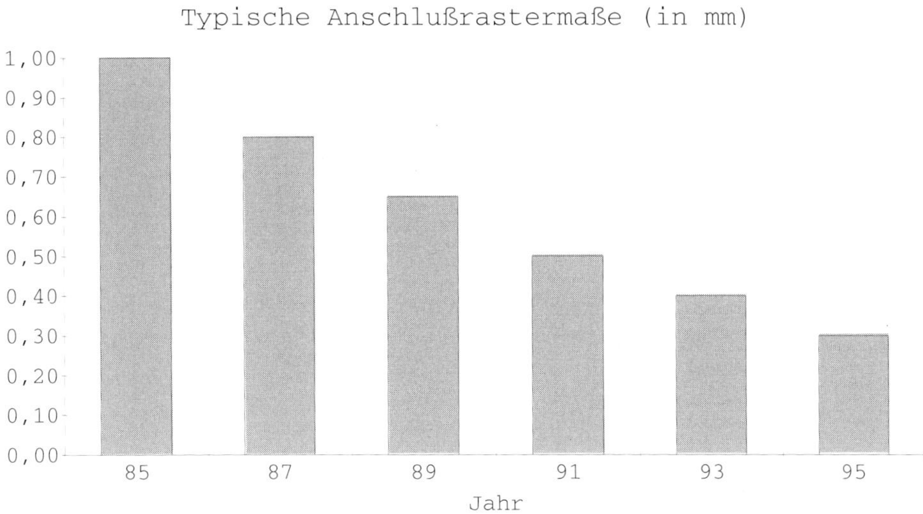

Abb. 2.2: Entwicklung des Anschlußrastermaßes (nach [6])

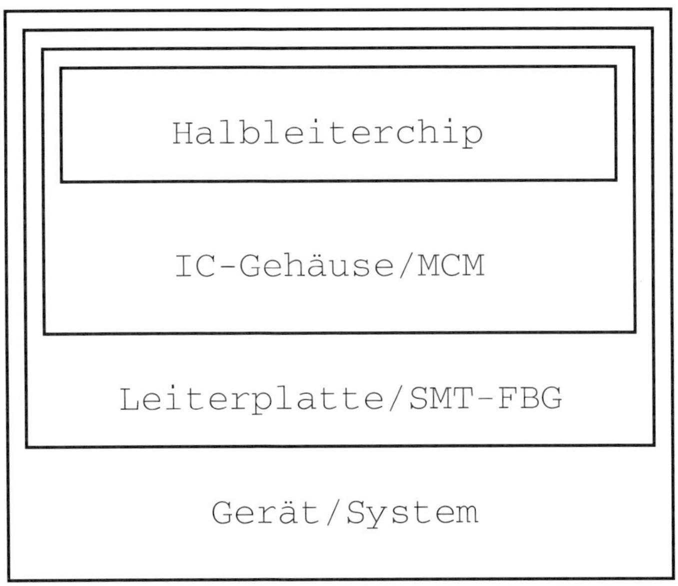

Abb. 2.3: Aufbauhierarchie der Elektronik

Folgenden Anforderungen sollte eine Montagetechnik gerecht werden:

- universell anwendbar
- möglichst geringer Bauelementemontageaufwand
- möglichst kurze Montagezeiten
- gleich(artig)e Montageweise anwendbar für alle Bauelementtypen (z. B. auch für Steckverbinder)
- Massenfügeverfahren
- möglichst geringer Flächen- und Volumenbedarf
- möglichst geringe Baugruppenmasse
- hohe Funktionsdichte (Anzahl der Anschlüsse bzw. Schaltungsknoten pro Fläche)
- kurze Signalverbindungen zwischen den Bauelementen
- Integration von Elementen für die Wärmeableitung
- Aufbau mit kostengünstigen Standardmaterialien
- kostengünstige Montageflächenherstellung
- Demontierbarkeit (z. B. für Reparaturen)
- kein Arbeitssicherheits- und Umweltrisiko (z. B. Verzicht auf bleihaltige Lote)
- Potential für anwendungsspezifische Lösungen
- hohe Baugruppenqualität und -zuverlässigkeit realisierbar

Die SMT nimmt in der Gesamtheit der Schaltungs- und Geräteaufbauhierarchie eine mittlere Position zwischen Mikro- und Makrotechnik ein. Sie folgt deshalb sowohl der Aufbau- und Verbindungstechnik in der Mikroelektronik als auch der Gerätetechnik. Die SMT besitzt diesbezüglich ein enormes Weiterentwicklungspotential. IC-Direktmontage und 3D-Baugruppen können beispielsweise zusammen mit bzw. in SMT realisiert werden.

2.3 Entwicklungstrends in der Aufbau- und Verbindungstechnik

Elektronische Schaltungen werden sowohl auf der Halbleiter- als auch auf der Systemebene immer schneller. Damit stellen sich neue Forderungen an die Aufbau- und Verbindungstechnik.

Die Signallaufzeit muß kleiner als die halbe Signalanstiegszeit sein, damit die Signale ohne störende Signalverformung übertragen werden können. Für die maximale Verbindungslänge gilt näherungsweise:

$$l_{max} / \text{cm} = 0{,}5 * c_o * e_r^{-1/2} * t_a / \text{ns} \qquad \text{<Gl. 2.1>}$$

mit: c_o = 30 cm/ns (Lichtgeschwindigkeit)
e_r = effektive relative Dielektrizitätskonstante
t_a = Signalanstiegszeit

Um die Laufzeitanforderungen einzuhalten, müssen im Hochfrequenzbereich die kürzesten Verbindungen realisiert werden, die möglich sind. Schaltungsaufbauten mit

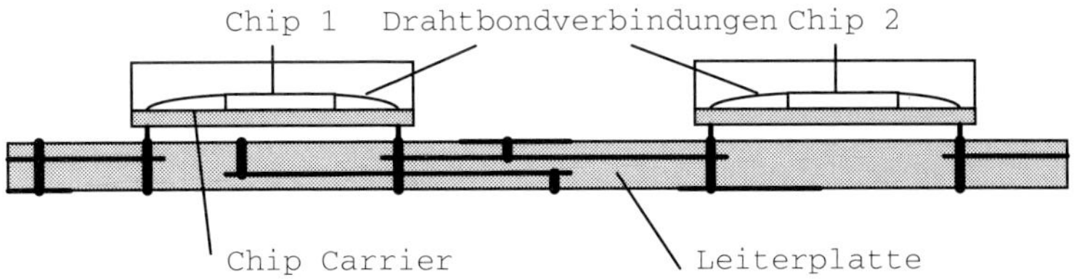

Abb. 2.4: Konventionelle Chip-Chip-Verbindungen

normalen SMT- und sogar mit Fine Pitch-Gehäusen stoßen im (Takt-)Frequenzbereich über 100 MHz bzw. bei Signalanstiegszeiten unter 5 ns insbesondere bei komplexen IC mit vielen Anschlüssen schnell an ihre Grenzen. Die mit ihnen minimal erreichbaren Verbindungslängen sind zu groß *(Abb. 2.4)*.

Die Verbindungslängen können verringert werden durch:

- Montage mehrerer Halbleiterchips auf einen Träger
- Einsatz anderer als Drahtbondverbindungen
- Verzicht auf Gehäuse und Zwischenträger
- Nutzen der gesamten Chip- bzw. Trägerfläche für Anschlüsse

Parallel zur Reduktion der Leitungslängen ist eine Reduktion der Gehäuseabmessungen erforderlich. Diese erfolgt einmal aus Gründen der Miniaturisierung – viele Anwendungen können nur mit flacheren Gehäusen bzw. Bauformen realisiert werden – zum anderen auch zunehmend aus Zuverlässigkeitsaspekten. Bauelemente mit mehreren Hundert Anschlüssen weisen bei konventioneller Aufbautechnik so große Abmessungen auf, daß es fast unmöglich, zumindest aber unwirtschaftlich ist, sie so auf Leiterplatten zu montieren, daß die Verbindungen bei Temperaturwechsel- oder anderen Beanspruchungen zuverlässig sind.

Dementsprechend entwickelte sich die Aufbau- und Verbindungstechnik in der Mikroelektronik vorwiegend in Richtung Direktmontage- und Multichipmodultechniken weiter. Diese Entwicklung wird sich, da die Schaltungen immer schneller und komplexer werden, beschleunigt fortsetzen.

Derjenigen Aufbau- und Verbindungstechnik gehört die Zukunft, die die größte Anzahl an Verbindungen pro Flächeneinheit und zudem kostengünstige Verbindungen ermöglicht *(Abb. 2.5)*.

Die Flipchiptechnik erfüllt aus heutiger Sicht diese Anforderungen am besten. Sie ermöglicht das Realisieren kleinerer und kürzerer Verbindungen zwischen Halbleiterchip und Träger bzw. Leiterplatte als die anderen beiden Direktmontagetechniken (Chip and Wire und TAB).

Flipchipverbindungen bestehen nur aus den Flipchiplötstellen. Die benötigten Lotbumps und Lötflächen können auf der gesamten Chipfläche bzw. der gesamten darunterliegenden Substratfläche untergebracht werden. Die restliche Substratfläche steht voll für die Schaltungsverdrahtung zur Verfügung *(Tab. 2.2)*.

Multichipmodule lassen sich am kompaktesten in Flipchiptechnik aufbauen. Die Flipchipmontage ist zudem auch auf Leiterplatten möglich.

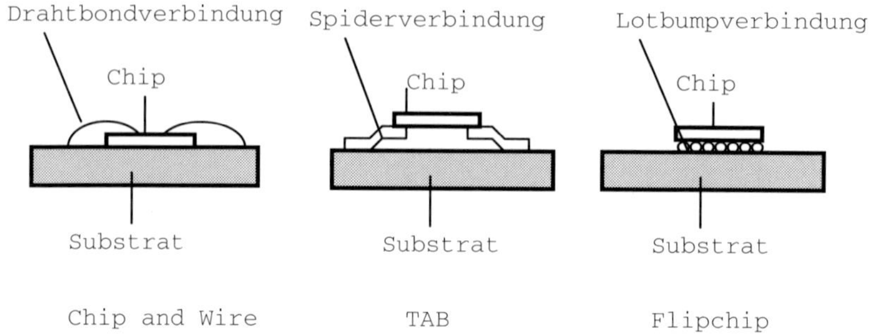

Abb. 2.5: IC-Verbindungstechniken mit kurzen Leitungslängen

Tabelle 2.2: Vergleich zwischen Chipverbindungstechniken

Merkmal	Flipchip	Drahtbonden	TAB
Fügetechnik	Löten	Thermokompressions-/ Ultraschallschweißen	Thermokompressions-schweißen/Löten
Fügestelle pro Anschluß	1	2	2
Anschlußraster (r/mm)	0,050	0,100	0,100
Anschlußpad/mm	0,025	0,040	0,025 x 0,050
Anschlußlänge/mm	0,035	2	3
max. Anschlußzahl	> 1000	< 300	500 – 1000

2.4 SMT und Direktmontage

Die Direktmontage ist eine Erweiterung der SMT. Die Bauelementmontage erfolgt nach demselben Prinzip: Verzicht auf Montagebohrungen im Träger und Fügestellenausbildung auf den Oberflächen. Die Erweiterung besteht darin, daß ungehäuste Halbleiterchips oberflächenmontiert und auch andere Fügeverfahren als Löten eingesetzt werden können. TAB- und Flipchiptechniken ermöglichen sogar dieselben Prozeßabläufe wie in der „normalen“ SMT mit gehäusten Bauelementen.

Da die Verbindungsstellen in der Direktmontage deutlich kleinere Abmessungen (ungefähr 1/10 der SMT-Lötstellen) aufweisen, ergeben sich allerdings entsprechend höhere Anforderungen an das Substratmaterial und die Leiterbildstrukturierung sowie an die Montage- und Fügeverfahren. Eine Trennung der Aufbautechnik und des Bauelementemontageprozesses in „normale“ SMT und Direktmontage ist deshalb in vielen Fällen sinnvoll. Separate SMT und Direktmontage ermöglichen es, beide optimal zu gestalten.

Insbesondere wenn viele Direktmontageverbindungen benötigt werden, ist die Direktmontage von Halbleiterchips auf ein MCM, das anschließend selbst als SMT-Bauelement den „normalen“ SMT-Prozeß durchläuft, günstig *(Abb. 2.6)*. Derartige Aufbausyteme – MCM in Form von sogenannten ***Ball Grid Arrays*** (Abk.: *BGA*) – werden von immer mehr Halbleiter- und Baugruppenherstellern angeboten. Da inzwischen auch Niedrigpreislösungen und geeignete Designhilfsmittel auf dem Markt sind, wird ein rasantes Wachstum erwartet.

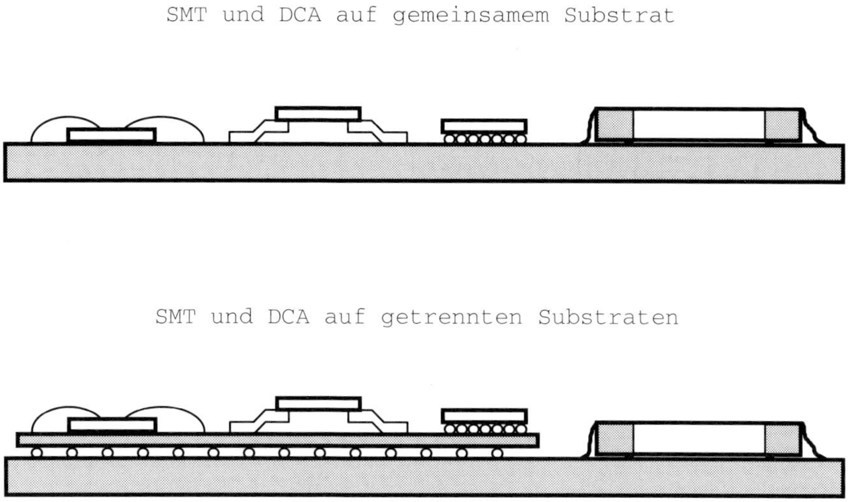

Abb. 2.6: SMT-DCA-Kombinationsmöglichkeiten

Abb. 2.7: Funk-Modem, 2-seitige Kombination von COB und SMT
(TEMIC MBB Mikrosysteme GmbH)

3 SMT-Bauelemente

3.1 SMD-Merkmale

Für die SMT werden spezielle Bauelemente benötigt, und zwar besondere Bauelementebauformen. SMT-Bauelemente (SMD) unterscheiden sich von Lochmontagebauelementen in mehr als in der Gestaltung der Anschlüsse für die Oberflächenmontage. Sonst genügte es, aus Lochmontagebauelementen durch ein einfaches Umformen der Anschlußdrähte oberflächenmontagetaugliche Bauelemente zu machen.

Außer in der Gestaltung der Anschlüsse unterscheiden sich SMD in folgender Weise von Lochmontagebauelementen:

- Die Abmessungen und die Massen sind kleiner (Miniaturbauformen mit geringerem Platzbedarf).
- Das Verhältnis Halbleiterchipfläche zu Bauelementgröße ist günstiger (kürzere interne Verbindungen).
- Die Gehäuse bzw. Bauformen sind automatenfreundlicher (ohne Vorbearbeitung montierbar, geringere und gleichartige Werkzeugforderungen).
- Die Bauelemente sind SMT-prozeßtauglich (kurzzeitig temperaturbelastbarer, unempfindlicher gegenüber Prozeßchemikalien).
- Der geringere Abstand zum Substrat ergibt eine bessere Wärmeableitung.
- Die kürzeren Anschlüsse ergeben günstigere HF-Eigenschaften (z. B. geringere Leitungsinduktivitäten und -kapazitäten).

S M D sind

keine S chwer M ontierbaren D inger

sondern

Bauelemente mit S uper M erkmalen und D aten

Abb. 3.1: SMD-Merkmale

- Aufgrund der geringeren Massen und Abmessungen wirken geringere Kräfte auf die Lötstellen (größere Baugruppenzuverlässigkeit, kleinere Lötstellen).
- Die Miniaturisierung führt zu einem geringeren Material- bzw. Ressourcenverbrauch (umweltfreundlicher).
- SMD kosten weniger (geringere Beschaffungskosten).

Viele SMD-Typen wiesen diese vorteilhaften Eigenschaften zunächst nicht auf. So gab es im Anfangsstadium der SMT beispielsweise häufig Probleme mit der SMT-Prozeßtauglichkeit. Erst mit der Zeit entwickelten die Hersteller den Anwenderforderungen entsprechende SMT-Bauelemente. Die Eigenschaften werden weiter verbessert.

3.2 SMT-Bauformen passiver Bauelemente

Kondensatoren und Widerstände waren die ersten passiven Bauelemente, die in SMT-Bauformen angeboten wurden. Die Bauelementekörper der SMT-Ausführungen entsprachen zunächst in ihren Abmessungen (Größe) weitgehend denen der äquivalenten Lochmontagebauelemente. Schon in der SMT-Anfangsphase waren quader- und zylinderförmige SMT-Bauformen ohne Anschlußdrähte üblich. Die Enden dieser Bauelemente waren als Anschlüsse ausgebildet (metallisiert). Die passiven SMT-Bauelemente wurden und werden in vielen Unternehmen als Chip-Bauelemente bezeichnet.

Seitdem hat sich das Angebot an SMT-Bauelementen rasch vergrößert. Alle passiven Bauelemente stehen inzwischen in SMT-Bauformen zur Verfügung. Etliche Bauelementtypen, vor allem Kondensatoren und Widerstände werden in mehreren SMT-Bauformen (unterschiedliche Größen bzw. Formen) angeboten.

Der Entwicklungstrend bei passiven Bauelementen geht allgemein in Richtung quaderförmiger Miniaturbauformen. Abmessungen im Millimeterbereich sind heute üblich.

Die Bauelementehersteller boten anfangs oftmals selbstkonstruierte SMT-Bauformen an. Heute entsprechen die meisten SMT-Bauelemente internationalen Bauformnormen (*EIA*- und *JEDEC*-Normen).

Die Normen lassen allerdings relativ große Toleranzen in den Abmessungen, insbesondere bei den Anschlüssen zu. Bauelemente derselben Bauform können sich deshalb, wenn sie von mehreren Herstellern stammen, deutlich in ihren Abmessungen voneinander unterscheiden. Die Bauelemente eines einzelnen Herstellers sind zwar auch nicht

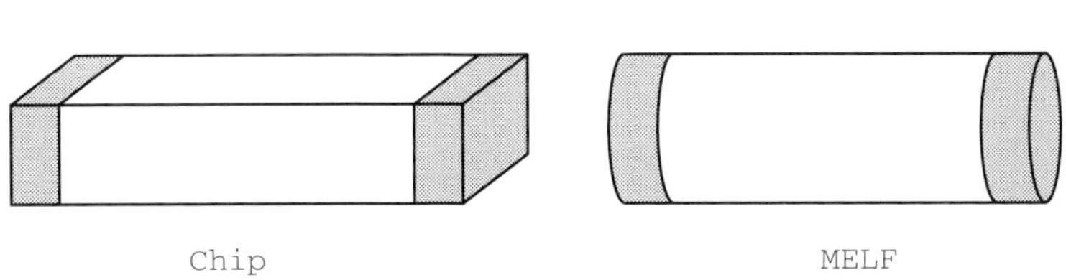

Abb. 3.2: SMT-Bauformen für passive Bauelemente

Tabelle 3.1: Standard-SMT-Bauformen passiver Bauelemente

Sammelbezeichnung unbedrahtete, quaderförmige Bauelemente	Chip - Kondensatoren - Widerstände
bisher **meistverwendete Chipbauform**	1206 (Abmessungen: 3,2 x 1,6 mm) (EIA-Standard)
kleine Chipbauformen	(EIA-Standards)
(bisher Standard)	0805 (Abmessungen: 2,0 x 1,5 mm)
(Standard in 1995)	0603 (Abmessungen: 1,6 x 0,8 mm)
(in Japan in Serie)	0402 (Abmessungen: 1,1 x 0,5 mm)
(in Entwicklung)	0201 (Abmessungen: 0,5 x 0,3 mm)
große Chipbauformen	1210 (Abmessungen: 3,2 x 2,5 mm) 1812 (Abmessungen: 4,6 x 3,1 mm) 2220 (Abmessungen: 5,7 x 5,0 mm)
quaderförmige **Bauformen von Tantalkondensatoren**	A (Abmess.: 4,6 x 2,6 x 1,8 mm) B (Abmess.: 4,6 x 2,6 x 2,6 mm) C (Abmess.: 8,1 x 4,6 x 1,8 mm) D (Abmess.: 8,1 x 4,6 x 2,6 mm) E (Abmess.: 8,1 x 4,6 x 5,0 mm)
große **zylindrische Bauformen**	MELF (Metal Electrode Face Bondings) (Abmessungen: 5,9 x 2,2 mm)
kleine zylindrische Bauformen	MiniMELF (Abmessungen: 3,6 x 1,4 mm) MicroMELF (Abmessungen: 2,2 x 1,1 mm)

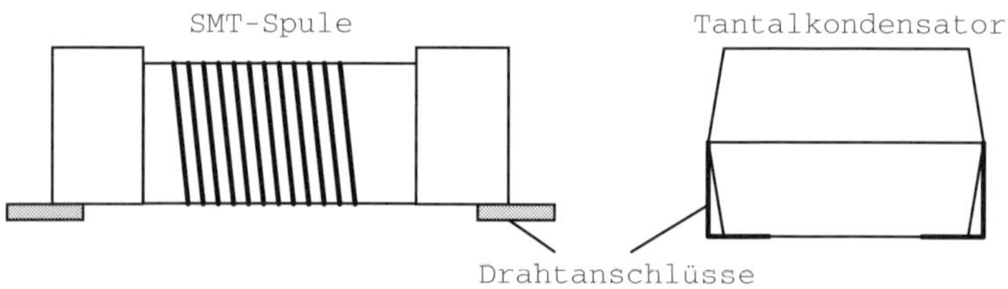

Abb. 3.3: SMT-Bauformen passiver Bauelemente mit Drahtanschlüssen

per Datenblatt aber meistens in der Praxis deutlich enger toleriert. Die engeren Toleranzen rühren daher, daß bei einem Hersteller immer gleich gefertigt wird, wobei der Fertigungsprozeß bzw. die Fertigungseinrichtungen engere Toleranzen ergeben.

Die Bezeichnungen der gängigen Bauformen sowie deren Abmessungen sind nachfolgend aufgelistet *(Tab. 3.1)*. Die meisten Bauformen werden nach zölligen Abmessungen bezeichnet. Die Bauelementhöhe wird dabei nicht berücksichtigt, so daß dieselbe Bauformbezeichnung, z. B. 0805 für Bauelemente unterschiedlicher Höhen verwendet wird. Neuerdings gibt es auch metrische Bezeichnungen, z. B. 1005 anstelle von 0402.

Dieselben oder ähnliche quaderförmige Bauformen werden für die SMT-Ausführungen von Heiß- und Kaltleitern, Drosseln, Übertragern, Trimmern, Potentiometern, Varistoren und Sicherungen verwendet. Einige Bauformen dieser Bauelemente und SMT-Steckverbinder weisen Drahtanschlüsse auf, die ähnlich wie bei SMT-IC gestaltet sind.

3.3 SMT-Bauformen aktiver Bauelemente

Bei den aktiven Bauelementen ist die Vielfalt an SMT-Bauformen noch größer. Diese Vielfalt hat zum großen Teil technische Ursachen (besondere Gehäuse- bzw Anschlußgestaltung notwendig für die Bauelementefunktion, breites Spektrum an aktiven Bauelementen). Teilweise ist die Vielfalt aber auch ein Ergebnis von speziellen Konzernstandards, die sich am Markt durchgesetzt haben.

Der Bauformtrend geht eindeutig in Richtung kleinere Abmessungen, insbesondere zu kleineren Anschlußrastermaßen und geringeren Bauhöhen.

Seit Mitte der achtziger Jahre werden in großen Stückzahlen spezielle Miniaturbauformen aktiver Bauelemente für die Oberflächenmontagetechnik, die sogenannten ***S**mall* ***O**utline* ***P**ackages* (Abk.: *SOP*) eingesetzt. SO-Packages sind Kunststoffgehäuse mit nach außen abgebogenen Drahtanschlüssen. Dioden, Gleichrichter, Transistoren, IC mit wenigen Anschlüssen und Leuchtdioden werden in SO-Gehäusen eingesetzt.

Parallel zu den SO-Gehäusen wurden für komplexere IC mit vielen Anschlüssen die *Chip Carrier Packages* entwickelt. Chip Carrier-Gehäuse können aus Kunststoff oder Keramik aufgebaut sein. Ihre Anschlüsse können in Form von nach außen L-förmig oder nach innen J-förmig (unter das Gehäuse) abgebogenen Drahtanschlüssen oder in Form von Anschlußmetallisierungen (unbedrahtete Anschlüsse direkt auf dem Keramikgehäuse) ausgeführt sein *(Abb. 3.4)*.

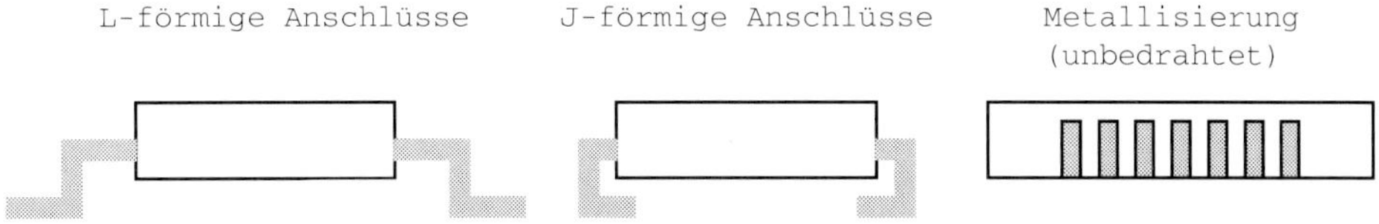

Abb. 3.4: Standardanschlußformen

Abb. 3.5: Höchstintegrierte Bauteile neuester Generation (Ciba)

Abb. 3.6: QFP mit einem Anschlußrastermaß von 0,2 mm
(gktec Büro für Technologieberatung)

Das Anschlußrastermaß der ursprünglichen SO- und der Chip Carrier-Bauformen ist 1,27 mm. Das ist die Hälfte des DIP-Rastermaßes, des Standardrastermaßes in der Lochmontagetechnik.

Die in den letzten Jahren neu entwickelten, meistens auch sehr flachen Bauformen, z. B. ***T****hin* ***S****mall* ***O****utline* ***P****ackages* (Abk.: *TSOP*) oder ***F****lat* ***P****ackages* (Abk.: *FP*) weisen kleinere Anschlußrastermaße auf. Fast alle SMT-Bauelemente mit sehr vielen (über hundert) Anschlüssen haben ein Anschlußrastermaß unter 1 mm. Üblich bzw. Standard sind heute Rastermaße von 0,63 mm und 0,5 mm.

Tabelle 3.2: Standard-SMT-Bauformen aktiver Bauelemente

SOD 80	zylindrische, drahtanschlußlose Diodenbauform (**S**mall **O**utline **D**iode, teilweise MELF-Diode) Abmessungen: 3,5 x 1,6 mm
SOT 23	quaderförmige Bauform diskreter Halbleiter (**S**mall **O**utline **T**ransistor) Abmessungen: 3,0 x 2,6 mm
SOT 143	quaderförmige Bauform diskreter Halbleiter (**S**mall **O**utline **T**ransistor) Abmessungen: 3,0 x 2,6 mm
SOT 89	quaderförmige Bauform diskreter Halbleiter (**S**mall **O**utline **T**ransistor) Abmessungen: 4,5 x 4,3 mm
SO 6 ... 16	IC-Bauform mit Anschlußrastermaß 1,27 mm (**S**mall **O**utline Package mit 6 bis 16 L-förmigen Anschlüssen) Gesamtbreite: 6,2 mm
SO (L) 16 ... 28	IC Bauformen mit Anschlußrastermaß 1,27 mm (**S**mall **O**utline (**L**arge) Package mit 16 bis 28 L-förmigen Anschlüssen) Gesamtbreite: 10,4 mm
SOJ 20 ... 28	IC-Bauformen mit Anschlußrastermaß 1,27 mm (**S**mall **O**utline Package mit 20 bis 28 J-förmigen Anschlüssen) Gesamtbreite: 8,6 mm
PLCC 20 ... 84	IC-Bauformen mit Anschlußrastermaß 1,27 mm (**P**lastic **L**eaded **C**hip **C**arrier mit 20 bis 84 J-förmigen Anschlüssen) Abmessungen: 9,7 x 9,7 mm . . . 30,0 x 30,0 mm
CLCC 20 ... 84	IC-Bauformen mit Anschlußrastermaß 1,27 mm (**C**eramic **L**eaded **C**hip **C**arrier mit 20 bis 84 flachen, L- oder J-förmigen Anschlüssen) Gehäuseabmess.: 9,1 x 9,1 mm . . . 29,6 x 29,6 mm
LCCC 20 ... 84	IC-Bauformen mit Anschlußrastermaß 1,27 mm (**L**eadless **C**eramic **C**hip **C**arrier mit 20 bis 84 unbedrahteten Anschlüssen) Abmessungen: 9,1 x 9,1 mm . . . 29,6 x 29,6 mm
(PQ) FP 44 ... 120	IC-Bauformen mit Anschlußrastermaßen von 0,75 mm und 1,0 mm (teilweise rechteckförmig) ((**P**lastic **Q**uad) **F**lat **P**ackage mit 44 bis 120 flachen oder L-förmigen Anschlüssen) Abmessungen: bis 32,4 x 32,4 mm
(P) QFP 100 ... 160	IC-Bauformen mitAnschlußrastermaß 0,635 mm ((**P**lastic) **Q**uad **F**lat **P**ackage mit 100 bis 160 flachen oder L-förmigen Anschlüssen) Abmessungen: bis 32,4 x 32,4 mm
(P) QFP 64 ... 240	IC-Bauformen mit Anschlußrastermaß 0,5 mm ((**P**lastic) **Q**uad **F**lat **P**ackage mit 64 bis 240 flachen oder L-förmigen Anschlüssen) Abmessungen: 12,0 x 12,0 mm ... 34,6 x 34,6 mm
VSOP / TSOP / SSOP	platzsparende IC-Bauformen für mittlere Anschlußzahlen mit Anschlußrastermaßen von 0,75 mm, 0,635 mm und 0,5 mm (**V**ery / **T**hin / **S**hrink **S**mall **O**utline **P**ackage)
Tape- /Micropack	TAB-Bauformen mit Anschlußrastermaßen von 0,8 mm bis 0,2 mm (bis über 400 Anschlüsse)

Damit auch bei mehreren Hundert Anschlüssen die Bauelementabmessungen nicht zu groß (Gehäusekantenlänge über 30 mm) werden, muß das Rastermaß weiter reduziert werden. Die Serienproduktion von SMD mit einem Anschlußraster von 0,4 mm und 0,3 mm ist im Anlaufen. SMD-Muster mit einem Anschlußrastermaß von 0,2 mm sind bereits verfügbar.

Als Sammelbegriff für alle SMT-Bauformen mit kleineren Anschlußrastermaßen hat sich *Fine Pitch Packages* eingebürgert. Die Bauelemente werden als ***F**ine **P**itch **D**evices* (Abk.: *FPD*) bezeichnet *(Abb. 3.5, 3.6)*.

In der nachfolgenden *Tabelle 3.2* sind die wichtigsten SMT-Bauformen für aktive Bauelemente zusammengestellt.

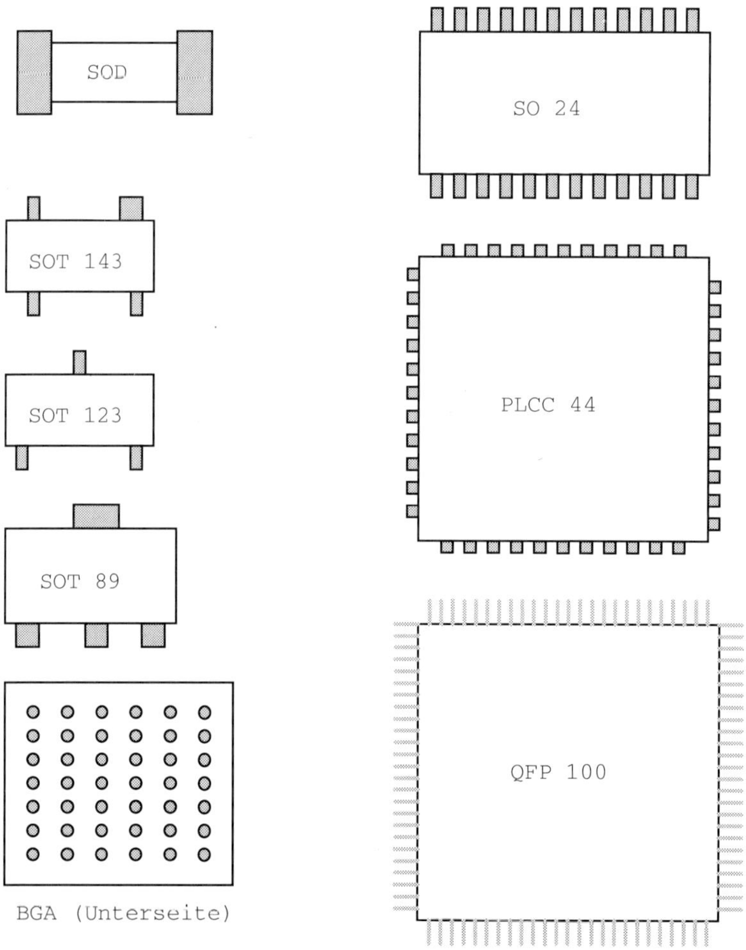

Abb. 3.7: SMT-Bauformen aktiver Bauelemente
(nicht maßstabsgerecht)

Abb. 3.8: SMD und Lochmontagebauelemente (Bauformenvergleich)
(gktec Büro für Technologieberatung)

Für IC und MCM mit sehr vielen Ein- und Ausgängen wurde in den letzten Jahren eine weitere SMT-Bauform, das ***Ball Grid Array** Package* (Abk.: *BGA*) entwickelt. Diese Bauform hat, da sich alle Anschlüsse komplett auf der Unterseite des Gehäuses befinden, den geringsten Leiterplattenflächenbedarf. Die Anschlüsse sind in Form von Lotkugeln (ähnlich wie in der Flipchiptechnik) ausgebildet. BGA sind die SMT-Miniaturversion der *Pin Grid Arrays (Abk.: PGA).* BGA weisen auch bei mehreren Hundert Anschlüssen große Anschlußrastermaße (bis zu 2,0 mm) auf. Die Gehäuse haben aufgrund der Anschlußanordnung auf der gesamten Gehäuseunterseite kleine Abmessungen *(Abb. 3.7, 3.8).*

3.4 Anschlußausführungen

Mit der Einführung von Bauelementen in SMT-Bauformen hat sich die Vielfalt der Anschlußausführungen enorm vergrößert. Auf SMT-Baugruppen finden sich fast immer mehrere Anschlußtypen. Außer den konventionellen Drahtanschlüssen (Pins) von Lochmontagebauelementen kommen unbedrahtete Anschlüsse, flache, L-und J-förmige Miniaturdrahtanschlußformen, Lotkugelanschlüsse und teilweise Direktmontageanschlüsse vor.

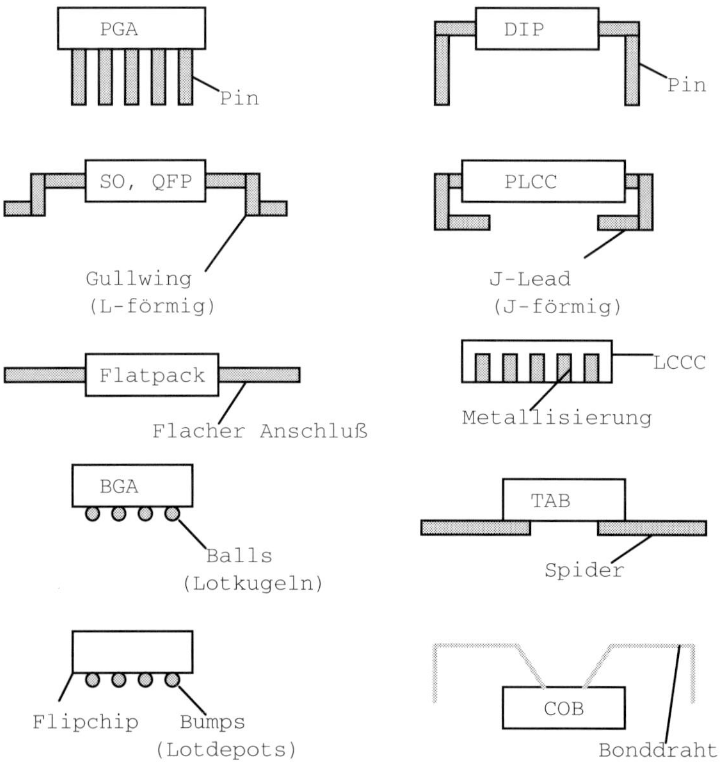

Abb. 3.9: IC-Anschlußausführungen
(nicht maßstabsgerecht)

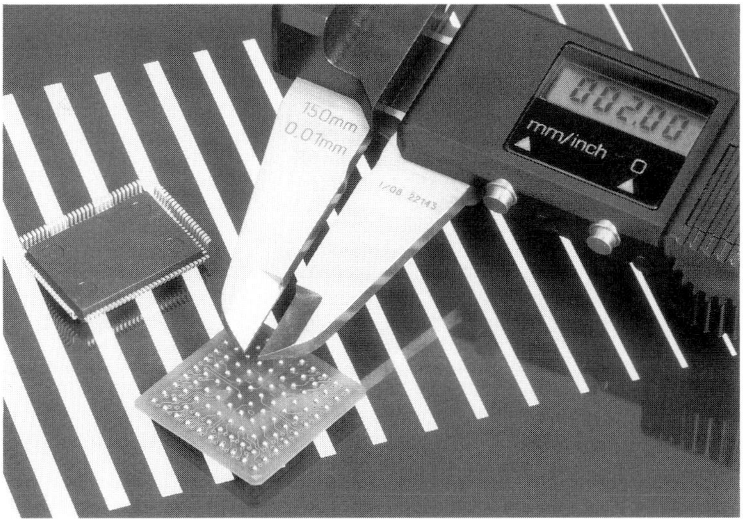

Abb. 3.10: Vergleich von BGA und FPD - Anschlußgestaltung *(Blaupunkt)*

Für jede SMT-Anschlußform ist eine andere Lötflächengestaltung optimal. Die Anschlußtypen haben einen unterschiedlichen Leiterplattenflächenbedarf. Zudem erfordern einige Anschlußtypen spezielle Prozesse bzw. Substrate. Beides muß schon im Designstadium berücksichtigt werden *(Abb. 3.9)*.

Bei IC besteht für den Anwender oft die Möglichkeit, das Packaging und somit die Anschlußausführung zu wählen. Damit läßt sich die Anschlußvielfalt auf einer Baugruppe reduzieren bzw. deren Gestaltung und Verarbeitung optimieren *(Abb. 3.10)*.

Bei der Auswahl der Anschlußausführung sind folgende Punkte zu berücksichtigen.

Bei langen, dünnen (flachen oder L-förmigen) Anschlüssen sind Bauelement und Leiterplatte mechanisch gut entkoppelt. Die Anschlüsse selbst sind dagegen mechanisch äußerst empfindlich. Bauelemente mit derartigen Anschlüssen haben einen großen Flächenbedarf.

Unbedrahtete Bauelemente mit Anschlußmetallisierungen haben einen geringen Flächenbedarf. Sie sind mechanisch eng an das Substrat gekoppelt (ein Zuverlässigkeitsproblem bei unterschiedlichen thermischen Ausdehnungskoeffizienten).

BGA benötigen die geringste Fläche (nur Gehäusefläche) und sind aufgrund der Lotkugelanschlüsse meistens ausreichend entkoppelt.

TAB und QFP mit kleinem Anschlußraster können wegen der Anschlußgeometrie in vielen Fällen nur einzeln bestückt und gelötet werden (überwiegend in Bügellöttechnik).

Für das Drahtbonden und die Flipchiptechnik sind Leiterplatten mit Feinststrukturen und speziellen Oberflächen (z. B. Gold) erforderlich.

Die Lötstellen von J-förmigen und Lotkugelanschlüssen sind vom Bauelement abgedeckt, so daß deren Kontrolle schwierig und oft nur röntgenoptisch möglich ist.

Einzelne BGA-Lötstellen sind nicht reparierbar, da nur alle BGA-Lötstellen zusammen erwärmt (aufgeschmolzen) werden können.

Welche Anschlußausführung am günstigsten ist, hängt vom Einzelfall ab. Jede hat Vor- und Nachteile.

Tabelle 3.3: SMD-Anforderungen an die Prozeßtechnik

Lagerung / Transport	in Original- oder äquivalenter Verpackung Lötbarkeit erhalten Feuchteaufnahme (Packagecracking) vermeiden Lagerbedingungen (Atmosphäre, Zeit, Feuchte, Temperatur) kontrollieren
SMD-Anschlüsse	nicht beschädigen (verbiegen, verkratzen) Oberfläche nicht verschmutzen nicht (mit bloßen Fingern und ungeeigneten Werkzeugen) berühren
Substrat	nicht verbiegen max. Verwindung und Wölbung: < 2 % unterschiedliche TCE beachten
Handhabung / Montage	Kontrolle der Aufnahme-, Zentrier- und Absetzkraft für die jeweilige SMT-Bauform geeignet
Werkzeuge / Kleber	nur zugelassene bzw. überprüfte (keine SMD-Schädigung)
Flußmittel / Lotpasten	nur zugelassene bzw. überprüfte (keine SMD-Schädigung)
Löttemperaturverlauf	Temperaturgradient: max. einige K/s Vorwärmen auf 120 bis 150 °C erforderlich
Löttemperatur	max. 215 °C für 10 s (Welle) max. 260 °C für 30 s (Reflow)
Reinigungsmittel	nur zugelassen bzw. überprüfte (keine SMD-Schädigung)
Elektrischer Test	keine Kontaktierung von (unbedrahteten Anschlüssen)

3.5 SMD-Anforderungen an die SMT-Prozeßtechnik

SMD sind im Gegensatz zu Lochmontagebauelementen den Bedingungen des Verarbeitungsprozesses voll ausgesetzt. Dies gilt insbesondere für den Lötprozeß. Die gesamten SMD sind beim Wellen- und Reflowlöten (mit Ausnahme des Bügel- und Laserlötens) denselben Bedingungen wie ihre Anschlüsse ausgesetzt. Bei Lochmontagebauelementen werden nur die Enden der Drahtanschlüsse den Lötmitteln und Löttemperaturen ausgesetzt. Die Lötbedingungen sind bei SMD deshalb genauer zu kontrollieren.
Aufgrund der Miniaturbauweise und der Montagetechnik ergeben sich weitere Anforderungen bzw. andere als in der Lochmontagetechnik an die Prozeßtechnik (Lagerung, Transport, Handhabung und Verarbeitung) von SMD und SMT-Baugruppen. Was alles zu beachten ist, um SMD nicht während der Geräteproduktion zu schädigen, ist in *Tabelle 3.3* aufgelistet .

3.6 SMD-Verpackung

In den meisten Fällen kann der Kunde wählen, wie die zu liefernden SMD vom SMD-Hersteller verpackt werden. Die Verpackung dient in der SMT nicht nur als Transportschutz- und Lagermittel. Sie erfüllt im SMD-Montageprozeß eine wesentliche Funktion, da SMD überwiegend automatisch direkt aus ihrer Verpackung bestückt werden. Die Verpackung ist ein wichtiger Bestandteil des Zuführ- bzw. Fördersystems von SMD-Bestückungseinrichtungen. SMD können in Schüttgutbehältern, Gurten und Magazinen verpackt werden.

Am häufigsten erfolgt die Gurt- oder Filmverpackung. Diese ist ausgenommen von FPD mit sehr empfindlichen Anschlüssen für alle SMD-Typen geeignet. SMD-Gurte sind nach einer internationalen Norm (*DIN IEC 286-3*) als Blistergurte aufgebaut *(Abb. 3.11)*. Die SMD befinden sich in den Blistern (näpfchenartige Vertiefungen) der Gurte, die mit einem abziehbaren Abdeckband verschlossen sind. Die Position der SMD im Gurt ist durch die regelmäßige Anordnung der Blister und deren Form bestimmt. Alle SMD werden mit der gleichen Orientierung in den Gurt gepackt. Dies ist für das Bestücken sehr vorteilhaft. Für alle Bestückungsanlagen werden Gurtzuführstationen angeboten.

Die SMD-Gurte werden auf standardisierte Spulen gewickelt – ähnlich wie (Super 8-)Filme – ausgeliefert. Gurt-und Spulenbreite richten sich nach der SMD-Bauform. Die kleinste Gurtbreite ist 8 mm. Diese ist für alle kleinen Chipbauformen bis zur Baugröße 1210 und SO-Dioden sowie SO-Transistoren geeignet. Für größere SMD gibt es Gurte mit Breiten von 12 mm, 16 mm, 24 mm, 32 mm, 44 mm und 56 mm. Die Anzahl der SMD pro Gurt ist abhängig von der SMD-Größe und der Gurtlänge bzw. dem Spulendurchmesser (180 mm oder 330 mm). Beispielsweise können 200 PLCC 84, 2500 SO 8 oder 4000 Chips der Bauform 1210 pro Gurt geliefert werden.

TAB werden ebenfalls auf Spulen gegurtet für die SMT geliefert. Diese sind anders aufgebaut. Die TAB-Gurte bestehen aus der Trägerfolie der TAB. Die TAB-Gurtbreiten entsprechen den SMD-Gurtbreiten, ebenso die Perforation. Die TAB müssen zur Entnahme aus der Trägerfolie geschnitten bzw. gestanzt werden.

Als Schüttgutverpackung für SMD werden überwiegend kleine zylinderförmige Kunststoffdosen eingesetzt. Unterschiedliche Dosengrößen stehen zur Verfügung. Mehrere Tausend SMD sind üblicherweise in einer Kunststoffdose enthalten. Die Verpackung als Schüttgut hat den geringsten Raumbedarf. Nachteilig ist, daß die SMD nicht direkt aus den Kunststoffdosen bestückt werden können. Für die Schüttgutverpackung eignen sich Chipwiderstände und -kondensatoren. Bedrahtete und gepolte (nicht polaritätsneutrale) SMD sind dafür nicht geeignet. SMD mit Drahtanschlüssen könnten bei einer Schüttgutverpackung beschädigt werden und sich ineinander verhaken. Gepolte SMD müßten bei der Entnahme aus der Schüttgutverpackung zunächst entsprechend ihrer Polarität geordnet werden, was aufwendig ist.

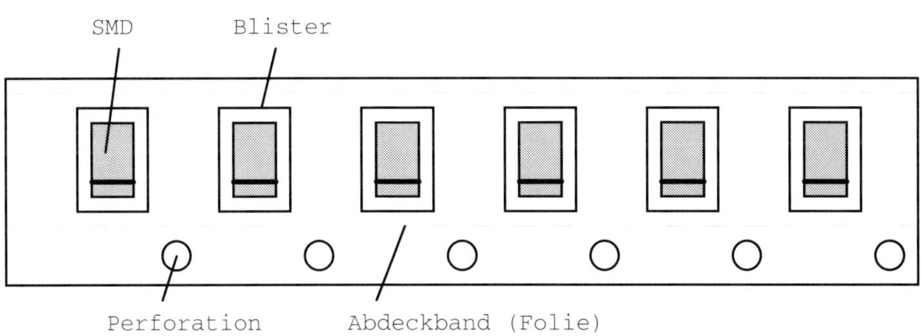

Abb. 3.11: SMD-Gurt

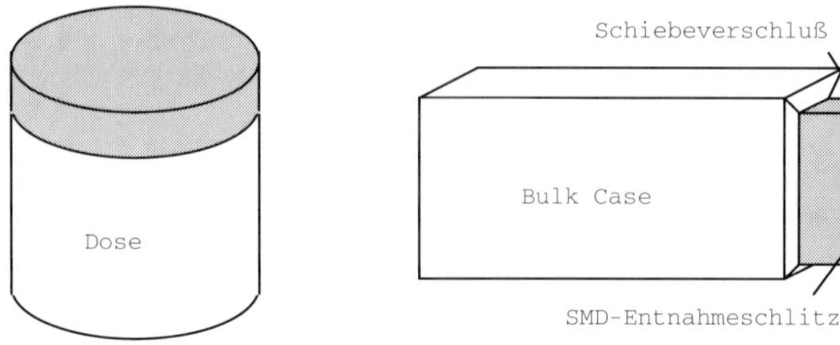

Abb. 3.12: SMD-Schüttgutverpackungen

Seit einigen Jahren sind in einigen Unternehmen für SMD in Schüttgutform auch kleine quaderförmige Kunststoffbehälter, sogenannte Bulk Cases im Einsatz. Diese sind nicht nur mehrmals wiederbefüllbar, sondern zum Bestücken auch mittels spezieller Bulk Case-Zuführstationen kopfüber auf die Bestückungsanlagen montierbar. Damit ist eine direkte Entnahme bzw. direktes Bestücken möglich. Bulk Cases sind wegen der Wiederverwendbarkeit umweltfreundlicher als Gurte. Ein weiterer Vorteil ist, daß Bulk Cases weniger Raum – insbesondere auf den Bestückungsanlagen – benötigen. Für Bulk Cases werden deshalb große Marktanteile vorhergesagt *(Abb. 3.12)*.

Vor allem IC und sehr empfindliche SMD werden in Magazine verpackt und direkt aus diesen bestückt. Es gibt Linear-, Flächen- und Stapelmagazine für SMD.

Am häufigsten verwendet werden Linearmagazine. Teilweise werden diese Magazintypen wegen der häufig waagerechten Montage auf den Zuführstationen der Bestückungssysteme auch als Horizontalmagazine bezeichnet. Die SMD sind in ihnen hintereinander (in einer Linie) und gleich orientiert angeordnet. Der Querschnitt der Linearmagazine ist der SMD-Bauform angepaßt, so daß die SMD seitlich positioniert sind. Die SMD können in den Linearmagazinen nur mit ihren Stirnflächen aneinanderstoßen. Normale L- und J-förmige Anschlüsse sind dadurch ausreichend vor Beschädigungen geschützt. Die SMD werden an einem Ende des Magazins entnommen. Linearmagazine enthalten abhängig von den SMD-Abmessungen und der Magazinlänge unter 50 bis über 100 SMD.

SMD mit sehr empfindlichen Anschlüssen, beispielsweise QFP werden üblicherweise in Flächenmagazinen verpackt. Die Bauelemente liegen nebeneinander in matrixartig angeordneten Vertiefungen in den Flächenmagazinen. Deswegen bezeichnet man die Magazine auch als Matrixmagazine. Die SMD können sich nicht berühren. Den empfindlichen Drahtanschlüssen kann nichts passieren. Die SMD werden zum Bestücken direkt aus ihrer Position im Magazin entnommen. Die Anzahl der SMD pro Flächenmagazin ist gering. Weniger als 50 SMD sind üblich.

Stapelmagazine, in denen die SMD übereinander angeordnet sind, werden seltener verwendet. Stapelmagazine werden wegen ihrer senkrechten Anordnung auf den Bestückungsanlagen auch als Vertikalmagazine bezeichnet. Sie haben wie Linearmagazine einen bauformspezifischen Querschnitt. Die SMD-Anzahl ist, da SMD eine flache Form haben, bei gleicher Länge deutlich größer. Stapelmagazine sind platzsparend *(Abb. 3.13)*.

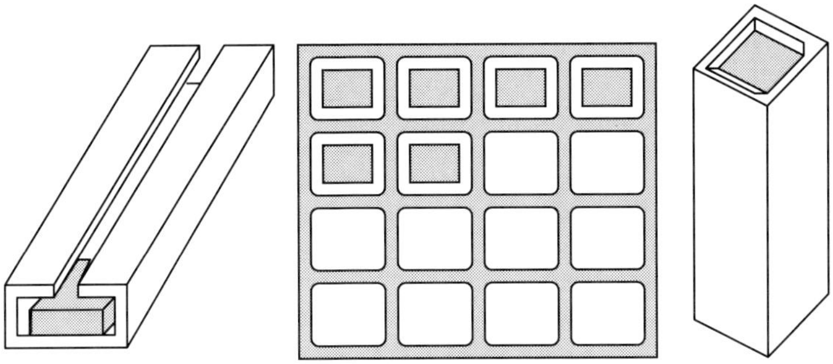

Abb. 3.13: SMD-Magazine

Bei allen SMD-Verpackungen (Schüttgutbehälter, Gurte und Magazine) ist auf die elektrostatische Sicherheit zu achten. Die Verpackungen sind sicher, wenn sie aus nicht aufladbaren, leitfähigen Materialien bzw. mit leitfähigen Oberflächen hergestellt werden.

Bei vielen größeren SMT-IC-Packages kann beim Löten nach einer Feuchtelagerung Packagecracking (Popcorneffekt) auftreten. Die gefährdeten IC werden deshalb von den Herstellern in feuchtedichten Verpackungen geliefert. Um das Risiko des Packagecracking zu vermeiden, sollte man die Feuchteschutzverpackungen erst unmittelbar vor dem Bestücken öffnen.

Es ist allgemein zu empfehlen, SMD bis zur Bestückung in den Originalverpackungen zu belassen. In den Originalverpackungen sind SMD am besten geschützt und leicht handhabbar. Sie können dann auch leicht identifiziert werden, da die Originalverpackungen von den Herstellern mit allen wichtigen Daten (meist Klartext und Balkencode) gekennzeichnet sind.

4 SMT als System

4.1 Vom Schaltungsentwurf zur geprüften Baugruppe

Der SMT-Prozeß ist mehr als die SMD-Montage. Der SMT-Prozeß ist ein System aus vielen Einzelprozessen *(Abb. 4.1)*. Er beginnt schon beim Entwerfen der Schaltung und endet erst mit dem Prüfen der SMT-Baugruppe. Dazwischen liegen viele Prozeßschritte.

Einige Prozeßschritte gehören zu jedem SMT-Prozeß, manche nur zu bestimmten SMT-Prozessen. Es gibt keinen einheitlichen SMT-Prozeß sondern eine Vielfalt an unternehmens- und anwendungsspezifischen SMT-Prozessen.

Wenn jeder Teilprozeß auf das komplette System, das heißt auf alle anderen Teilprozesse abgestimmt ist, ergibt sich der geringste Gesamtaufwand. Dies gilt auch dann, wenn der SMT-Prozeß nicht innerhalb eines einzigen Unternehmens abläuft, beispielsweise wenn für einzelne Prozeßschritte Dienstleister eingeschaltet werden.

Die SMD-Montage (Bestücken und Löten) steht im Mittelpunkt des SMT-Prozesses. Die anderen SMT-Prozeßschritte bilden ihr Umfeld *(Abb. 4.2)*.

Zum SMT-Prozeß gehören folgende Einzelprozesse:

Entwicklungs- und Konstruktionsprozesse
- Spezifikation/Qualifikation der SMD
- Spezifikation/Qualifikation des Substrates (Leiterplattenmaterial)
- Spezifikation/Qualifikation der Verfahren

SMT ist mehr als SMD-Montage.

Es gibt unterschiedlche SMT-Prozesse.

Jeder SMT-Prozeß ist ein System.

Alle Teilprozesse müssen passen.

Abb. 4.1: SMT als System

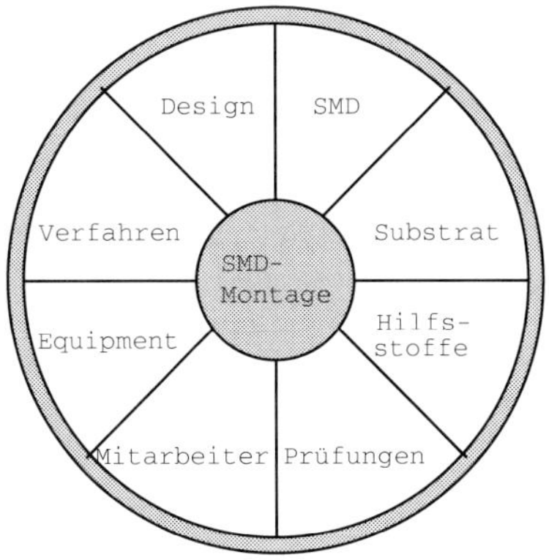

Abb. 4.2: SMD-Montage und Umfeld

- Spezifikation/Qualifikation der Hilfsstoffe (Lotpaste, SMD-Kleber)
- Spezifikation/Qualifikation der Fertigungseinrichtungen
- Schaltungsdesign (Aufbau, Layout)

Montage- und Produktionsprozesse
- Schaltungsträger/Leiterplattenherstellung
- Lotpastenauftrag
- Kleberauftrag
- SMD automatisch Bestücken
- SMD manuell Bestücken
- Kleber aushärten
- Wellenlöten
- Reflowlöten
- Einzellöten
- Reinigen der Baugruppe
- Reparaturen/Nacharbeiten

Prüfungen
- Sichtkontrollen/Automatische Optische Inspektionen
- Elektrische Prüfungen
- Baugruppenzuverlässigkeitsprüfungen
- Wareneingangs-/Material-/Prozeßkontrollen

Rahmenprozesse
- Handhabung/Transport/Verpackung/Lagerung von SMD und SMA
- Mitarbeiterqualifikation (Aus- u. Weiterbildung)

Die aufgeführten Prozesse können in Gruppen eingeteilt werden. Je eine Gruppe bilden die Entwicklungs- und Konstruktionsprozesse (Konzeption), die Montage- und Produktionsprozesse (Realisierung), die Prüfungen (Verifizierung) und die Rahmenprozesse (Support).

Ein Großteil der gelisteten Einzelprozesse wird nicht für jede SMA benötigt bzw. in jedem SMT-Prozeß durchgeführt. Die routinemäßigen SMT-Prozesse kommen mit einem Teil der Montageverfahren aus.

Spezifikationen und Qualifikationen sind in der Regel für gleichartige Prozesse bzw. Produkte gültig. Solange SMD und Montageverfahren nicht geändert werden und das Design denselben Regeln entspricht, genügt es, diese nur einmal zu erstellen.

Allgemeinen Spezifikationen und Qualifikationen kommen deshalb in der Praxis große Bedeutung zu. Entsprechende Normen, an denen sich die gesamte Industrie orientiert, gibt es in den USA schon seit einigen Jahren. In Deutschland sind dagegen – immer noch – unternehmensspezifische Normen (Werknormen) üblich.

4.2 Wechselwirkungen im SMT-Prozeß

In der SMT sind nicht nur die Bauelemente, die SMD stärker an das Substrat gekoppelt. Zwischen allen SMT-Komponenten und -Prozessen gibt es starke Beziehungen. Die resultierenden Wechselwirkungen sind, sofern sie von Anfang an gebührend berücksichtigt werden, aber kein Nachteil *(Abb. 4.3)*.

Bei der Einführung neuer oder bei Änderungen bestehender SMT-Prozesse ist wegen der vielfältigen Wechselwirkungen eine ganzheitliche Betrachtungsweise vorteilhaft. Möglichst alle Wechselwirkungen sollten gründlich analysiert werden. Der Analyseaufwand lohnt sich, weil dadurch spätere Überraschungen, die in der Regel aufwendigere Gegenmaßnahmen erforderlich machen, mit großer Sicherheit ausgeschlossen werden können. Die Wechselwirkungen sollten vor oder spätestens während der SMT-Konzeption bzw. der SMA-Spezifikation analysiert werden.

Da es für den einzelnen wegen der Komplexität der SMT schwierig, wenn nicht gar unmöglich ist, alle SMT-Wechselwirkungen zu überblicken, empfiehlt es sich, immer im Team vorzugehen. Es ist sinnvoll, auch externe Experten (beispielsweise Lieferanten und Technologieberater) einzubeziehen. Je mehr Experten unterschiedlicher Sachgebiete bei der Wechselwirkungsanalyse zusammenarbeiten, desto mehr Aspekte werden berücksichtigt und desto besser wird ihr Ergebnis *(Abb. 4.4)*.

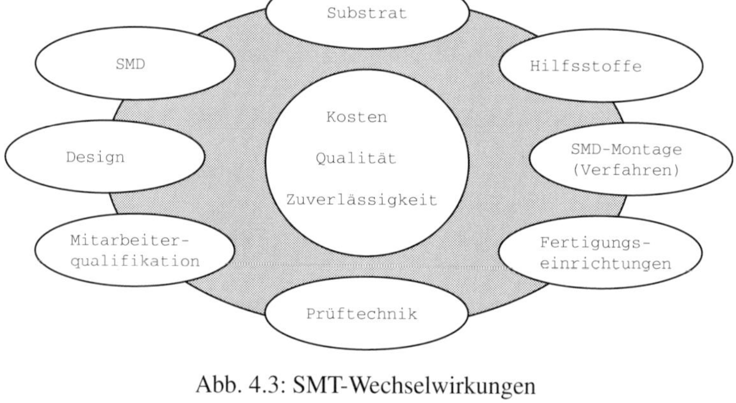

Abb. 4.3: SMT-Wechselwirkungen

Abb. 4.4: Wechselwirkungsanalyse im Team

Anhand einiger Beispiele sollen die Zusammenhänge verdeutlicht werden. Typische Beispiele für SMT-Wechselwirkungen sind:

- Die SMD-Auswahl bestimmt die Bestückungsmöglichkeiten (Leiterplattenseite, Automat, manuell) und mögliche Lötverfahren (Welle, Reflow, einzeln).
- Das SMD-Anschlußrastermaß beeinflußt die notwendige Leiterplattenstrukturierung und das Lotpastenauftragsverfahren.
- Drahtanschlußlose Keramik-SMD großer Abmessungen erfordern eine TCE-Anpassung.
- Die beidseitige SMD-Montage erfordert mehrmaliges Bestücken und Löten.
- Für das Wellenlöten sind größere Lötflächen und Abstände als für das Reflowlöten, d. h. ein anderes Layout erforderlich.
- Der SMD-Kleber haftet nicht auf beloteten Oberflächen.
- Von der Lotpaste hängt ab, wie Lötflächen und Anschlüsse (metallurgisch) beschaffen sein müssen.
- Die Dicke der Lotpastendruckschablone hat Einfluß auf die Lötfehlerhäufigkeit.
- Von der Lotpaste bzw. vom Flußmittel hängt ab, ob gereinigt werden muß.
- Lötstellen unter SMD können nur röntgenoptisch kontrolliert werden.
- Ein Verzicht auf den Incircuittest ist möglich, wenn Bestücken und Löten beherrscht werden.
- Zum Incircuittest werden Prüfpunkte (Kontaktflächen) oder verlängerte Lötflächen benötigt.
- Austauschen von SMD und Nachlöten einzelner Anschlüsse erfordert ausreichende Freiräume für die Werkzeuge.
- SMA dürfen nicht gebogen werden, damit SMD bzw. deren Lötstellen nicht beschädigt werden.

- Manche SMD in Kunststoffgehäusen neigen nach Lagerung in (normaler) Feuchte beim Löten zum Packagecracking.

Die meisten Wechselwirkungen sind keine ,,K.O."-Kriterien. Wenn Entwickler, Konstrukteure und Technologen vor der Konzeption der SMT und von SMA über die Zusammenhänge informiert sind, finden sie eine passende Lösung, da in der SMT generell viele Lösungen in Frage kommen. Welche Realisierung am günstigsten ist, hängt vom Einzelfall ab. Ohne vollständige Informationen aller Beteiligten ist keine Optimierung möglich.

4.3 SMT-Konzept und Leistungsmerkmale

Wie leistungsfähig und anspruchsvoll ein SMT-Prozeß ist, hängt im wesentlichen von seiner Konzeption ab. Die wichtigsten Merkmale von SMT-Systemen sind:

- SMD-Bauformspektrum
- SMD-Typenvielfalt
- Substratabmessungen
- Losgröße(n)
- Durchsatz/Bestückungsrate
- Durchlaufzeit(en)
- Ausbeute/(Löt-)Fehlerrate
- Montagekosten
- SMA-Qualität(sklasse)
- Rüstaufwand (Flexibilität)
- Automationsgrad
- Produktionssicherheit

Abb. 4.5: Konzeption der SMT als System

Die Leistungsmerkmale von realisierten SMT-Prozessen sind ziemlich unterschiedlich. Beispielsweise gibt es SMT-Systeme mit folgenden Merkmalen:

- vollautomatische Großserienmontage von SMA mit geringer SMD- und SMA-Vielfalt in einer Fließfertigung
- manuelle Kleinserienmontage in einer Chargenfertigung
- flexible, vollautomatische SMT-Fertigungslinien für die Losgröße 1-Fertigung

Viele andere Varianten von SMT-Prozessen sind möglich und im Einsatz.

Welches SMT-Konzept günstig ist, hängt vom Unternehmen, seinen Produkten und seiner Produktionsweise ab. Wichtig ist vor allem, daß das SMT-System in der Lage ist, die geplanten SMA technisch sicher und kostengünstig zu realisieren. Die Konzeption des SMT- Prozesses und die Konzeption der SMA müssen sorgfältig aufeinander abgestimmt sein. Planungsfehler führen zu dauerhaft geringer Ausbeute, langen Durchlaufzeiten und überhöhten Herstellkosten. Der Erfolg der SMT hängt vom Konzept ab *(Abb. 4.5)*.

5 Design von SMT-Baugruppen

5.1 Design for Cost and Quality

Vom Design werden Qualität und Kosten einer SMT-Baugruppe entscheidend beeinflußt. Vom Design hängt ab:

- welche Materialien (SMD, Leiterplatten) verwendet werden können/müssen
- welche Verarbeitungsverfahren möglich/notwendig sind
- wie groß die erreichbaren Fehlerraten/Ausbeuten sind
- welche SMA-Eigenschaften (Funktionalität, Zuverlässigkeit) resultieren
- welcher Aufwand insgesamt nötig ist
- welche Kosten anfallen

Nicht die Produktion (SMA-Fertigungsstelle), sondern der Designer ist für Kosten und Qualität hauptsächlich verantwortlich. In der Regel werden über 75% der Kosten vom Designer bestimmt *(Abb. 5.1)*.

Das Designziel ist, eine SMT-Baugruppe so zu gestalten, daß die geforderte Funktion (möglichst) überall, kurzfristig, sicher und kostengünstig realisiert werden kann. SMA-Design ist deshalb mehr als Layouterstellung. Zum SMA-Design ist das Know-how eines SMT-Technologen erforderlich.

Optimales SMA-Design setzt u. a. folgende Kenntnisse voraus:

- technologische Möglichkeiten samt deren Voraussetzungen
- Stand der SMT (erreichbare Grenzwerte und Toleranzen, allgemeine Standards)
- Kostensituation (Was ist teuer? Was ist kostengünstig?)
- Beziehungen zwischen speziellen Designlösungen, SMT-Fertigungsmöglichkeiten und SMA-Eigenschaften (Wechselwirkungen)

Design for Manufacturability of SMA
Design for Testability of SMA
Design for Reliability of SMA

Design for SMT = Design for Cost and Quality of SMA!

Abb. 5.1: Design for SMT

Das SMT-Design umfaßt folgende Punkte:

- SMD-Bauformauswahl
- SMA-Aufbautechnik festlegen (Substratmaterialauswahl)
- SMD-Lötflächengestaltung (Standardlötflächenmuster)
- SMD-Plazierung
- SMT-Layout (Leiterbild und Durchkontaktierungen im SMD-Bereich, Testpunkte)
- Leiterplattenspezifikation (Toleranzklasse, Lötstoppmaske, Oberflächenmetallisierungen)
- Nutzengestaltung

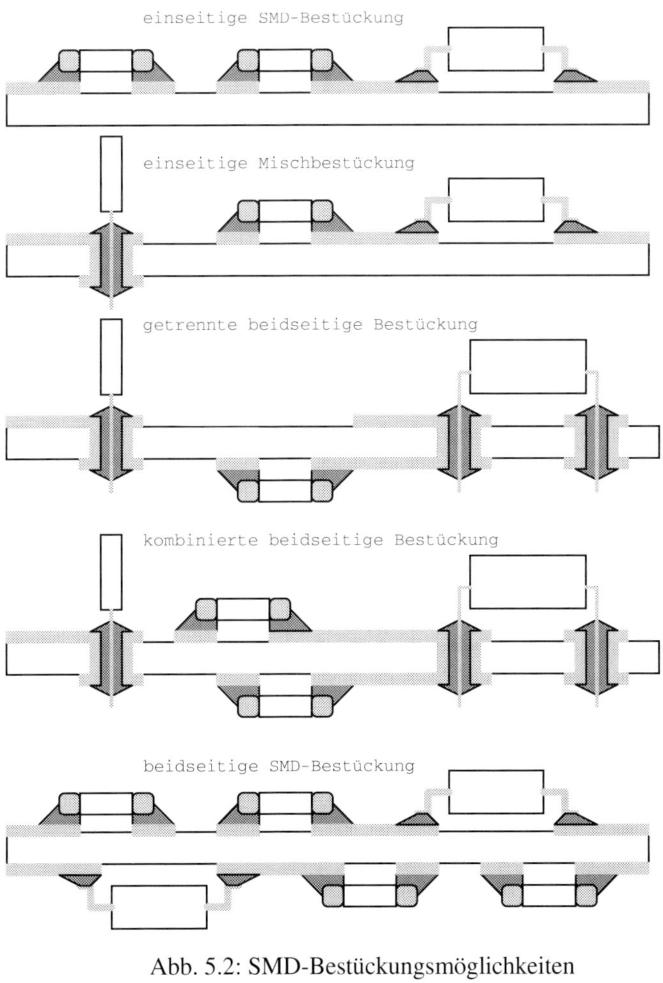

Abb. 5.2: SMD-Bestückungsmöglichkeiten

5.2 SMD-Montagemöglichkeiten und passende Prozesse

Die Oberflächenmontagetechnik bietet mehr Montagemöglichkeiten als die Lochmontagetechnik. SMD können auf beiden Leiterplattenseiten und in beliebiger Orientierung sowie auf oder unter andere Bauelemente montiert werden. Die SMD-Montageflächen (Lötflächen) sind im Prinzip frei gestaltbar, sollten aber bestimmte Merkmale aufweisen, damit geringe (Löt-)Fehlerraten und angemessene (Lötstellen-)Zuverlässigkeiten erzielt werden. Die Montageweise (wo und wie) und die Montageverfahren stehen in einem engen Zusammenhang. Mit der Plazierung der SMD, dem Festlegen ihrer Lage und Anordnung auf der Leiterplatte werden die nachfolgenden SMT-Prozeßschritte weitgehend bestimmt.

Folgende Montagetechniken sind üblich *(Abb. 5.2):*

- einseitige SMD-Bestückung (nur Oberflächenmontage)
- einseitige Mischbestückung (Loch- und Oberflächenmontage auf derselben Leiterplattenseite)
- getrennte beidseitige Bestückung (Loch- und Oberflächenmontage auf verschiedenen Leiterplattenseiten)
- kombinierte beidseitige Bestückung (Mischbestückung auf der einen und Oberflächenmontage auf der anderen Seite)
- beidseitige SMD-Bestückung (nur Oberflächenmontage)
- Lochmontage mit Einzel-SMD-Bestückung (Spezialverfahren)

5.2.1 Einseitige SMD-Bestückung

Der Montageprozeß für SMA mit einseitiger SMD-Bestückung ist einfach. Er besteht aus 3 wesentlichen Schritten *(Abb. 5.3)*:

- Lotpaste auftragen
- SMD bestücken
- Reflowlöten

Vorteile von SMA mit einseitiger SMD-Bestückung sind die einfache Montagetechnik und die flache Bauweise. Auf Bohrungen (für Montage und Durchkontaktierungen) kann verzichtet werden.

5.2.2 Einseitige Mischbestückung

Der Montageprozeß für SMA mit einseitiger Mischbestückung besteht aus 5 wesentlichen Schritten *(Abb. 5.4):*

- Lotpaste auftragen
- SMD bestücken
- Reflowlöten
- Lochmontagebauelemente bestücken
- Wellenlöten

Vorteilhaft bei SMA mit einseitiger Mischbestückung ist, daß Oberflächen- und Lochmontage weitgehend voneinander entkoppelt sind.

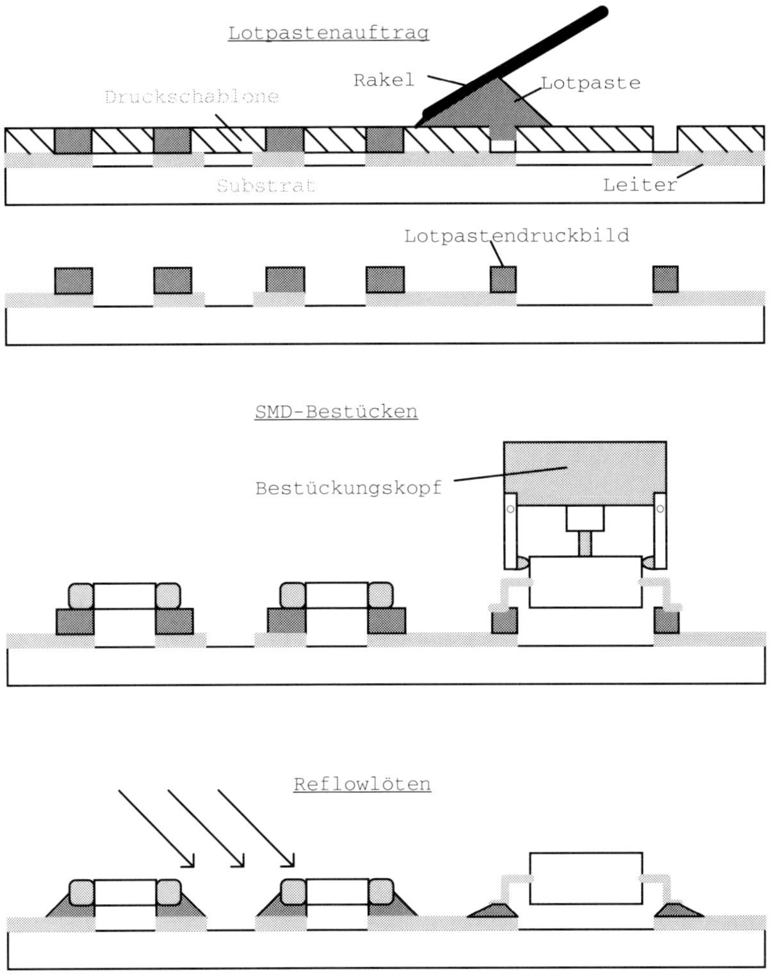

Abb. 5.3: Montageprozeß bei einseitiger SMD-Bestückung

5.2.3 Getrennte beidseitige Bestückung

Der Montageprozeß für SMA mit getrennter beidseitiger Bestückung besteht aus 5 wesentlichen Schritten *(Abb. 5.5)*:

- Kleber auftragen
- SMD bestücken
- Kleber aushärten
- Lochmontagebauelemente bestücken
- Wellenlöten

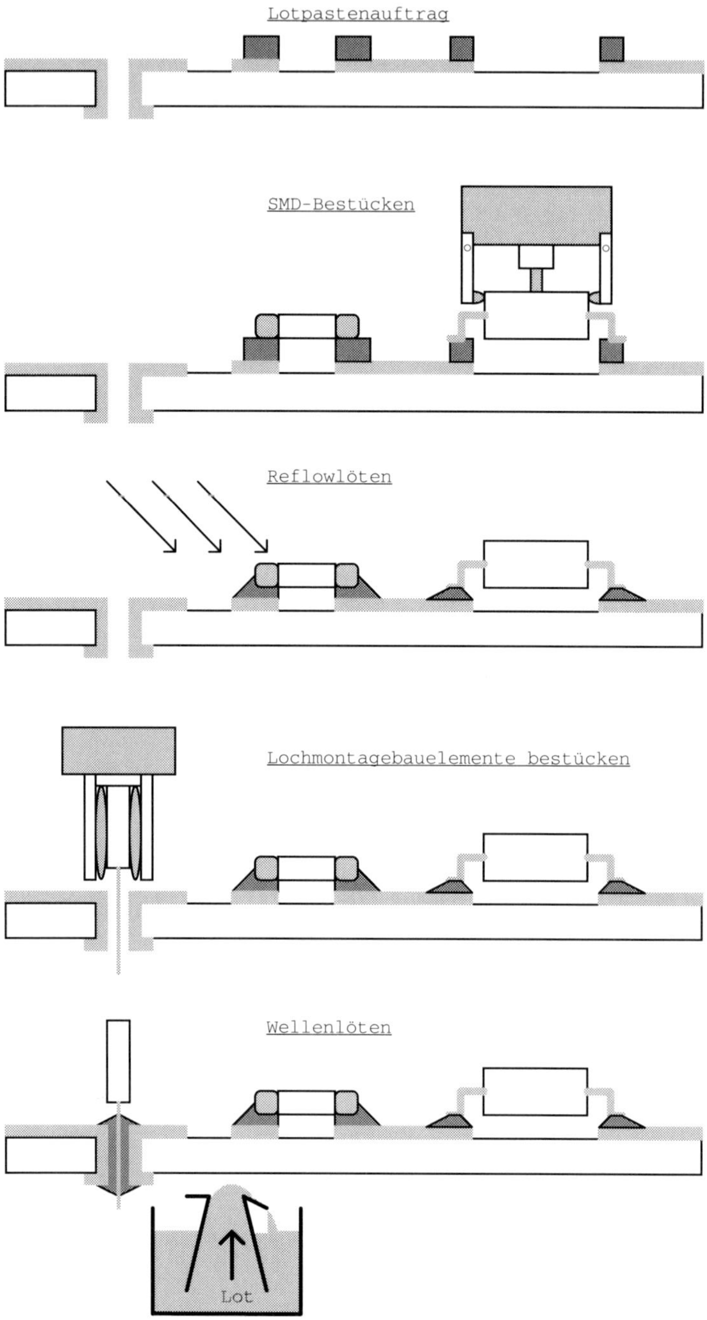

Abb. 5.4: Montageprozeß bei einseitiger Mischbestückung

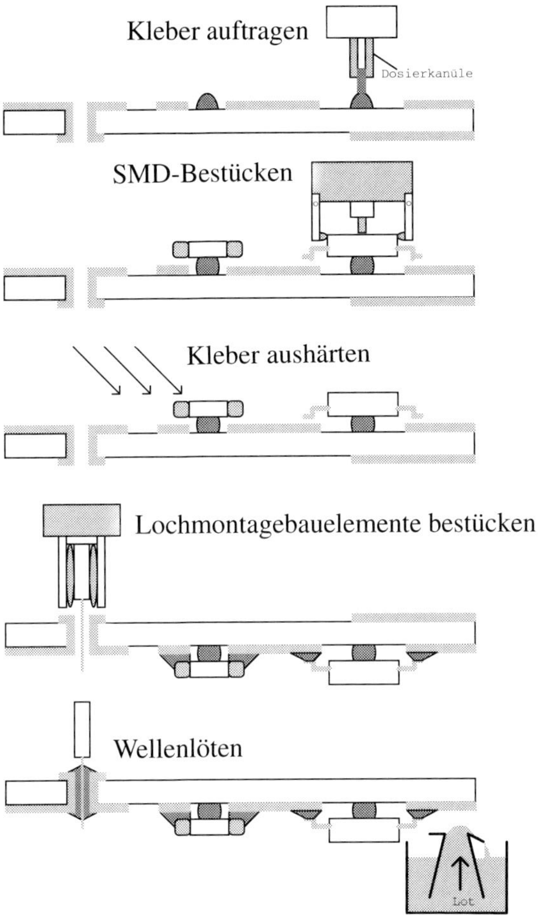

Abb. 5.5: Montageprozeß bei getrennter beidseitiger Bestückung

Vorteilhaft bei SMA mit getrennter beidseitiger Bestückung ist, daß für Oberflächen- und Lochmontagebauelemente nur ein Lötprozeß nötig ist. Nachteilig ist, daß nur wellenlötbare SMD einsetzbar sind.

5.2.4 Kombinierte beidseitige Bestückung

Der Montageprozeß für SMA mit kombinierter beidseitiger Bestückung besteht aus 8 wesentlichen Schritten *(Abb. 5.6):*

- Lotpaste auftragen
- SMD bestücken (auf der „Nichtwellenlötseite“)
  Reflowlöten
- Kleber auftragen
- SMD bestücken (auf der „Wellenlötseite“)

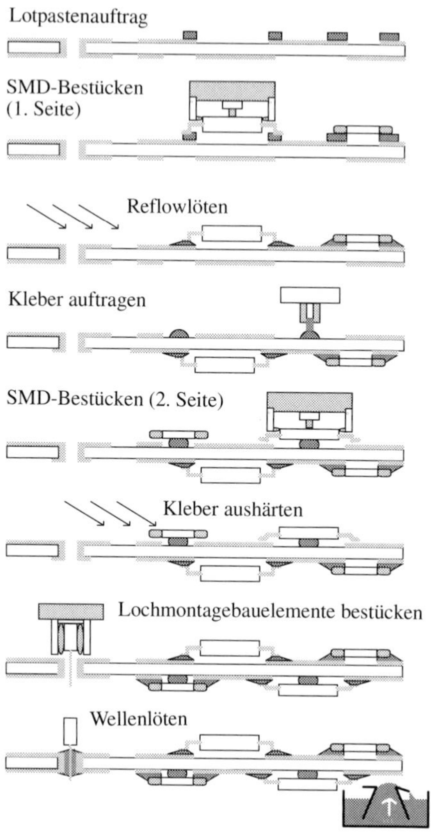

Abb. 5.6: Montageprozeß bei kombinierter beidseitiger Bestückung

- Kleber aushärten
- Lochmontagebauelemente bestücken
- Wellenlöten

SMA mit kombinierter beidseitiger Bestückung eignen sich für alle Bauelementetypen. Sie können sehr dicht, sogar dreidimensional (SMD unter Lochmontagebauelementen) bestückt werden. Nachteilig ist die Vielzahl der Prozeßschritte.

5.2.5 Beidseitige SMD-Bestückung

Der Montageprozeß für SMA mit beidseitiger SMD-Bestückung besteht aus 5 wesentlichen Schritten *(Abb. 5.7)*:

- Lotpaste auftragen (auf 1. Seite)
- SMD bestücken (auf 1. Seite)
- Lotpaste auftragen (auf 2. Seite)
- SMD bestücken (auf 2. Seite)
- Reflowlöten

SMA mit beidseitiger SMD-Bestückung eignen sich für alle SMD-Typen. Sie können auf beiden Seiten sehr dicht bestückt werden.

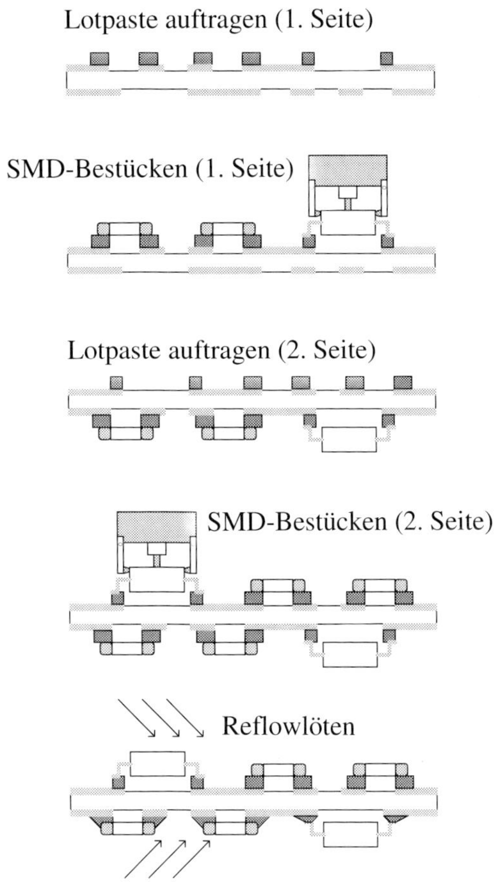

Abb. 5.7: Montageprozeß bei beidseitiger SMD-Bestückung

5.3 Auswahl des Schaltungsträgers

Eine Oberflächenmontage von Bauelementen ist auf fast allen Schaltungsträgern möglich. Außer starren, starr-flexiblen und flexiblen Leiterplatten aus den unterschiedlichsten Basismaterialien werden für SMD Keramik-, Glas- und Metallplatten sowie Formteile aus Kunststoff als Trägermaterial eingesetzt. Welches Material und welcher Schaltungsaufbau am günstigsten ist, hängt von vielen Faktoren ab, unter anderem von:

- Stückzahlen
- Geräteanwendung (Lager- und Betriebsbedingungen, Zuverlässigkeitsanforderungen)
- Gerätekonstruktion (verfügbares Volumen, Systemaufbau, Funktionen der Elektronikbaugruppe)
- Schaltungstyp (Frequenzbereich, Wärmeleistung)
- SMD-Bauformen (Material, Anschlußgestaltung)
- SMT-Prozeß (SMD-Montage, Löten)

Eine Einzelfall-Analyse ist aufwendig und schwierig. Dem Designer liegen in vielen Fällen nur Teilinformationen vor. Er kann sich dann nur an generell gültigen Aussagen orientieren. Anhand einiger Beispiele soll aufgezeigt werden, was generell gilt. Zu bemerken ist, daß mit der Auswahl des Schaltungsträgers Randbedingungen für die nachfolgenden Design- und SMT-Prozeßschritte geschaffen werden.

Erst bei Stückzahlen ab etwa 50 000 SMA ist wegen der hohen Werkzeugkosten das Herstellen des Schaltungsträgers in Form eines Formteils aus Kunststoff und die Integration von Elektronik und Mechanik wirtschaftlich.

Bei kleinen Stückzahlen ist ein höherer Materialpreis für den Schaltungsträger eher akzeptabel als bei Großserien. Dies gilt insbesondere dann, wenn dadurch auf aufwendige Analysen (Material-, Fertigbarkeits-, Zuverlässigkeitsuntersuchungen) verzichtet werden kann.

Bei einem Gerät, das häufig großen Temperaturunterschieden ausgesetzt ist (z. B. im Motorraum von Automobilen), müssen die thermischen Ausdehnungskoeffizienten von Substrat und größeren unbedrahteten SMD übereinstimmen, um Frühausfälle (Lötstellen, SMD-Schäden) zu vermeiden. Vor allem Konstruktionen aus normalen Basismaterialien mit unbedrahteten SMD mit Keramikgehäusen ab etwa 10 mm Kantenlänge sind wegen der unterschiedlichen thermischen Ausdehnungskoeffizienten kritisch.

Der Konstruktions- und der Produktionsaufwand von flexiblen und starr-flexiblen SMA ist größer. Wenn das Gerätevolumen ausreichend groß ist und es der Systemaufbau zuläßt, sollte bei kleineren Gerätestückzahlen auf derartige Konstruktionen verzichtet werden.

95% aller SMD werden auf herkömmliche Basismaterialien montiert [7]. Sogar Hochfrequenzschaltungen (bis zu einem Frequenzbereich von mehreren Hundert MHz) werden oft aus Standardmaterialien aufgebaut.

Dünne Leiterplatten aus Standardbasismaterialien sind nicht sehr steif, so daß zum Handling und zu den Montageprozessen besondere Vorkehrungen (z. B. Werkstückträger) getroffen werden müssen.

Beim Reflowlöten werden Leiterplatten mehrere Minuten lang Temperaturen ausgesetzt, die über der Glasumwandlungstemperatur von Epoxidharz liegen. Leiterplatten aus Epoxid-Glasgewebe können erweichen und ihre mechanischen Eigenschaften verändern (z. B. wird der thermische Ausdehnungskoeffizient größer).

Das Basismaterial hat einen großen Anteil an den gesamten Leiterplattenkosten (im Mittel ca. 30%). Es lohnt sich deshalb, folgendes zu berücksichtigen:

- Standardmaterialien kosten deutlich weniger als High-Tech-Materialien
- je dünner das Basismaterial, desto kostengünstiger ist es
- je dicker das Gewebe, desto kostengünstiger ist das Basismaterial
- Feinleiterstrukturen erfordern feines Gewebe und dünne Kupferkaschierungen
- Multilayer in Folientechnik (Masslamtechnik) sind kostengünstiger als konventionelle (nur aus Kernen aufgebaute) Multilayer

Empfehlenswert ist, Leiterplatten so dünn wie konstruktiv möglich aus Material mit möglichst dickem Gewebe und dünnen Kupferfolien aufzubauen. Standardmaterialien sind aus Kostengründen zu bevorzugen. Spezialsubstrate (z. B. aus PTFE oder Cyanatester) und komplizierte Aufbauten (z. B. Multilayer mit Metallkern) sollten nur eingesetzt werden, wenn dies aus technischen Gründen (Funktion oder Zuverlässigkeit) unbedingt nötig ist.

Basismaterialien und Leiterplattenaufbau müssen in vielen Fällen aus technischen Gründen genau spezifiziert werden. Beispielsweise ist dies bei Leiterplatten mit kontrollierter Impedanz nötig. Leiter mit kontrollierter Impedanz können in Form einer ungeschirmten Streifenleitung (Microstripline) oder als geschirmte Streifenleitung (Triplatestripline) realisiert werden. Für die Impedanz Z_o gilt näherungsweise [8]:

$$Z_o = 87 \frac{\ln [5{,}98\ h / (0{,}8\ w + t)]}{(e_r + 1{,}41)^{1/2}} \quad \text{(Microstripline)} \qquad \text{<Gl. 5.1>}$$

$$Z_o = 60 \frac{\ln [1{,}9\ H / (0{,}8\ w + t)]}{e_r^{1/2}} \quad \text{(Triplatestripline)} \qquad \text{<Gl. 5.2>}$$

h : = Abstand zwischen Leiter und Bezugsebene (Microstripline)
H : = Abstand zwischen den Bezugsebenen (Triplatestripline)
w : = Leiterbreite
t : = Leiterdicke
e_r: = relative Dielektrizitätskonstante

Nur wenn Leiterplatten- bzw. Multilayeraufbau genau definiert sind, wird die geforderte Impedanz erreicht. Es ist sinnvoll, wenn der Designer die einzelnen Laminat- und Prepregtypen und den Aufbau in Abstimmung mit dem Leiterplattenhersteller spezifiziert.
Zu berücksichtigen ist beim Leiterplattendesign ferner, daß die Basismaterial- und Fertigungstoleranzen relativ groß sind.

In der Praxis ist mit folgenden Toleranzen für Basismaterial und die Fertigung zu rechnen:

Dielektrizitätskonstante $\Delta \varepsilon_r$ = ± 0,5 (abhängig vom Gewebetyp bzw. Harzgehalt)
Basismaterialdicke Δh = ± 30 . . . 200 µm (vgl. *Tab. 5.1*)

Tabelle 5.1: Zulässige Dickenabweichungen von kupferkaschierten Basismaterialien aus Glashartgewebe ± -Toleranz in mm)

Nenndicke	DIN 40 802 (alt)		DIN IEC 239-2		MIL-P-13949		
in mm	normal	eingeengt	normal	eingeengt	Klasse 1	Klasse 2	Klasse 3
0,1						0,02	0,013
0,15				0,03		0,025	0,019
0,2				0,035		0,038	0,025
0,3				0,04		0,038	0,025
0,4				0,05		0,05	0,038
0,5				0,07	0,06	0,05	0,04
0,8	0,15	0,09	0,15	0,09	0,17	0,1	0,08
1	0,17	0,11	0,17	0,11	0,17	0,1	0,08
1,2	0,18	0,12	0,18	0,12	0,19	0,13	0,08
1,5/1,6	0,2	0,14	0,2	0,14	0,19	0,13	0,08
2	0,23	0,15	0,23	0,15	0,23	0,18	0,1
2,4	0,25	0,18	0,25	0,18	0,23	0,18	0,1
3,2	0,3	0,2	0,3	0,2	0,31	0,23	0,13

Leiterzugbreite	Δ w	=	± 10 . . . 20 µm (Unterätzung ~ Cu-Kaschierungsdicke)
		=	± 3 . . . 4 µm bei 17,5 µm Cu-Kaschierung
Leiterzugsdicke	Δ t	=	± 5 mm bei 35 µm Cu-Kaschierung
		=	± 8 mm bei 70 µm Cu-Kaschierung

Für die Dicke von Leiterplattenmaterialien existieren verschiedene Toleranzklassen (genormt nach *DIN IEC* 249-2, *MIL*-P-13949 u. a.) (*Tab. 5.1*).

Für die Auswahl des Schaltungsträgers sind außer den obengenannten allgemeinen Anforderungen folgende Materialeigenschaften wichtig:

- Thermischer Ausdehnungskoeffizient (möglichst gleich wie SMD)
- Relative Dielektrizitätskonstante (für HF-Schaltungen möglichst niedrig)
- Verlustfaktor (für HF-Schaltungen möglichst niedrig)
- Wärmeleitfähigkeit (bei großer Verlustleistung möglichst gut)
- Glasumwandlungstemperatur/Schmelzpunkt (möglichst höher als Löttemperatur, zumindest höher als Vorheiztemperatur)
- Dimensionsstabilität
- Spezifisches Gewicht
- Entflammbarkeit (Erfüllen der Norm *UL* 94 V-0)
- Mechanische Bearbeitbarkeit
- Leiterbildrealisierungsmöglichkeiten (Feinleiterstrukturierung ist erforderlich)
- Mögliche Lötverfahren (möglichst Welle und Reflow)

In *Kapitel 6* „Schaltungsträger für die SMT" werden die funktionalen Eigenschaften verschiedener Materialien erläutert und hinsichtlich des SMT-Einsatzes verglichen.

5.4 Plazierung der Bauelemente

Die Plazierung der Bauelemente hat großen Einfluß auf die Montagekosten und die Zuverlässigkeit einer SMA. Abhängig von der Bauelementeplazierung sind:

- mögliche Bestückungsverfahren
- erreichbare Bestückungsrate
- Bestückungsfehlerrate
- mögliche Lötverfahren
- erreichbare Lötfehlerrate
- Bauelemente- und Lötstellenbeanspruchung
- mögliche Prüfverfahren
- mögliche Reparaturverfahren
- mögliche (Nutzen-)Trennverfahren (Einzel-Leiterplatte aus Bestückungsnutzen)

Designparameter bei der Plazierung von SMD sind:

- Ort (X/Y-Koordinaten von Anschluß 1 bzw. SMD-Mittelpunkt)
- Orientierung (Winkel)
- Montageseite (Reflow- der Wellenlötseite)

Folgende Punkte sollten bei der SMD-Plazierung beachtet werden, damit niedrige Montagekosten und eine hohe Zuverlässsigkeit erreicht werden können:

- Die für Registrier-, Spann-, Bestückungs-, Löt-, Reparatur-, Prüf-, Trenn- und andere Werkzeuge benötigte Flächen sind freizuhalten.
- Für Baugruppenhandling und -montage zusätzlich benötigte Flächen (z. B. Kantenbereich) müssen ebenfalls freigehalten werden.
- SMD so orientieren, daß der Gesamtplatzbedarf minimal ist (minimale Abstände zwischen SMD sowie zwischen SMD und Lochmontagebauelementen).
- SMD so orientieren, daß eine (Automaten-)Montage mit minimaler (Positionier-)Zeit möglich ist.
- Berücksichtigen, daß beim Wellenlöten bei gleichem SMD-Abstand (Lötflächenabstand) das Lotbrückenrisiko in paralleler Richtung geringer als quer zur Transportrichtung der Lötanlage ist.
- Berücksichtigen, daß die SMA-Erwärmung beim Wellen- und IR-Reflowlöten im Bereich der Endkante (bezogen auf die Transportrichtung) am größten ist. Dort sollten keine temperaturempfindlichen SMD, sondern SMD mit großem Lötwärmebedarf plaziert werden.
- (Lotwellen-)Abschattungseffekte berücksichtigen. SMD nicht direkt hinter anderen hohen Bauelementen plazieren, sondern gegebenenfalls seitlich versetzt.
- Zonen größerer mechanischer Beanspruchung (z. B. Biegestellen) nicht für die Plazierung nutzen.

Deshalb wird empfohlen, SMD folgendermaßen zu plazieren:

- SMD nicht in Biegezonen anordnen. Gegebenenfalls längs zur Biegekante (quer zur Biegerichtung) oder zusammen mit einem Versteifungselement montieren.

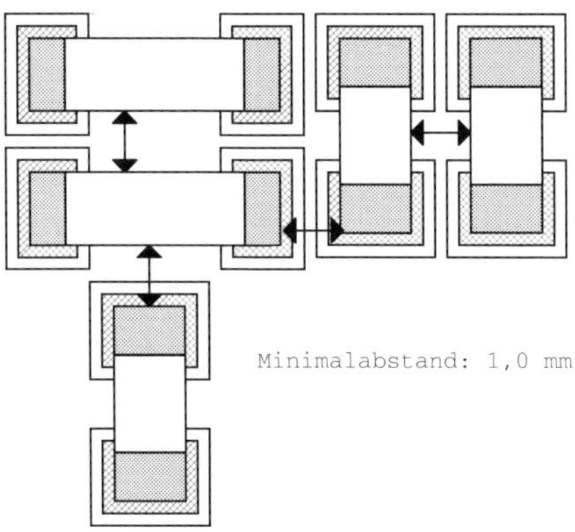

Abb. 5.8: SMD-Abstand

– Freihaltefläche: min. 1 mm Abstand von den Anschlußdrahtenden
– nicht auf der Wellenlötseite

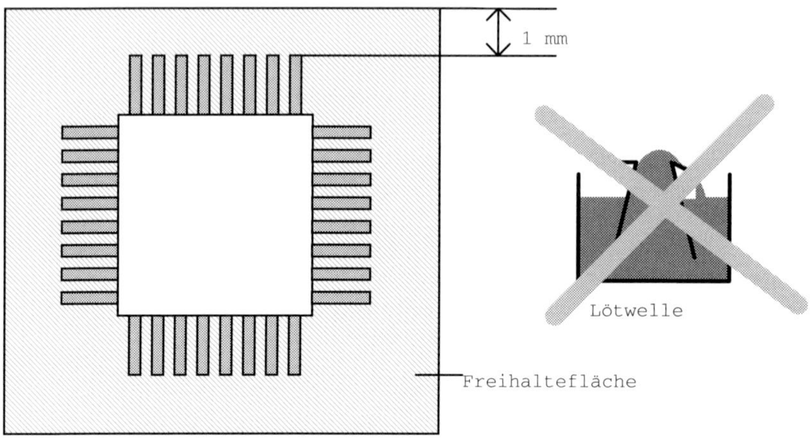

Abb. 5.9: FPd-Plazierung

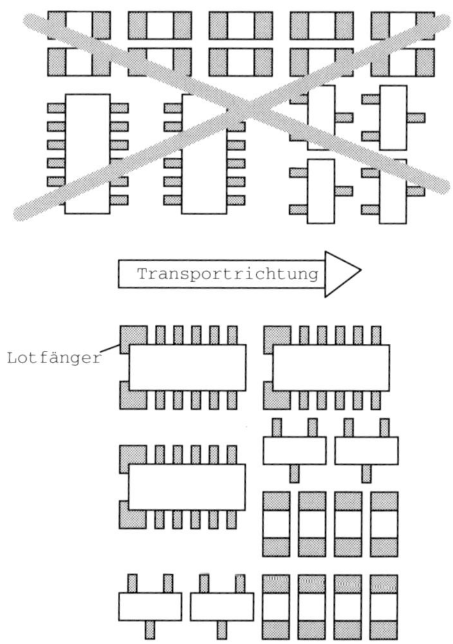

Abb. 5.10: SMD-Plazierung beim Wellenlöten

- SMD nicht unter Lochmontagebauelementen, nicht im Stapel (übereinander oder hochkant) und nicht zu mehreren auf dieselben Lötflächen plazieren.
- Für Werkzeuge, Kontrolle und Reparatur minimal 1,0 mm Zwischenraum zwischen SMD (äußere Kanten) vorsehen *(Abb. 5.8)*.
- Minimal 2,54 mm Abstand zu allen Bauelementen mit einer Höhe über 3 mm einhalten.
- SMD mit einer Höhe über 3 mm nicht auf der Wellenlötseite anordnen.
- FPD mit Rastermaß unter 1 mm nicht auf der Wellenlötseite anordnen *(Abb. 5.9)*.
- SMT-IC, die mit der Welle gelötet werden sollen, in Transportrichtung anordnen *(Abb. 5.10)*.
- Einen Abstand von mindestens der doppelten Höhe des größeren SMD bei auf der Wellenlötseite in Transportrichtung hintereinander angeordneten SMD einhalten.

5.5 Gestaltung der SMD-Lötflächen

Die Gestaltung der SMD-Lötflächen hat ebenfalls großen Einfluß auf Bauelementemontagekosten und Zuverlässigkeit. Von der SMD-Lötflächen sind abhängig:

- mögliche Bestückungsverfahren
- die erreichbare Bestückungsrate
- die Bestückungsfehlerrate
- mögliche Lötverfahren
- die erreichbare Lötfehlerrate
- die Lötstellenzuverlässigkeit
- die Bauelementebeanspruchung

Die wichtigsten Designparameter von SMD-Montageflächen sind die Lötflächenbreite und -länge. Diese beiden Parameter beeinflussen u. a. den Lötspalt und damit die Lötstellenzuverlässigkeit. Für die SMD-Montage ist günstig, wenn alle nachfolgenden Forderungen beim Festlegen der Lötflächenabmessungen berücksichtigt werden.

Berücksichtigen der Bestückungstoleranzen

Für die Bestückung sind die SMD-Maße (insbesondere die Anschlußgeometrie) samt ihrer Toleranzen sowie die erreichbaren Positionstoleranzen von Leiterplattenlötflächen (Pads), SMD-Anschlüssen und Bestückungssystem zu berücksichtigen. Für die SMD-Lötflächenabmessungen ergeben sich deshalb folgende Beziehungen:

Breite:	$b \geq b_A + (\Delta b_A^2 + \Delta LPP^2 + \Delta BEb^2 + \Delta BSG^2)^{1/2}$	<Gl. 5.3>
und	$b \leq b_A + (\Delta b_A + \Delta LPP + \Delta BEb + \Delta BSG$	<Gl. 5.4>
Länge:	$l \geq l_A + (\Delta l_A^2 + \Delta LPP^2 + \Delta BEl^2 + \Delta BSG^2)^{1/2}$	<Gl. 5.5>
und	$l \leq l_A + \Delta l_A + \Delta LPP^+ + \Delta BEl + \Delta BSG$	<Gl. 5.6>

mit: b_A und l_A: relevante SMD-Anschlußbreite bzw. -länge

SMD-Anschlußbreitentoleranz:	$\Delta b_A = \pm\, 0{,}15$ mm
SMD-Anschlußlängentoleranz	$\Delta l_A = \pm\, 0{,}2$ mm
Leiterplattenlötflächenpositionstoleranz:	$\Delta LPP = \pm\, 0{,}1$ mm
SMD-Anschlußpositionstoleranz:	
in Pad-Querrichtung:	$\Delta BEb = \pm\, 0{,}15$ mm
in Pad-Längsrichtung:	$\Delta BEl = \pm\, 0{,}25$ mm
Bestückungssystempositionstoleranz:	$\Delta BSG = \pm\, 0{,}07$ mm

Bemerkung

Die hier angegeben Werte für die Toleranzen sind übliche Werte. Abweichungen (größere und kleinere Tolerenzen) sind möglich.

Lötforderungen

Hinsichtlich des Reflowlötens sind das SMD-Deplazierungsrisiko (Wegdriften aus der Bestückungsposition) bei zu großen Lötflächen und die Ausbildung zuverlässiger Lötstellen mit möglichst sichtbaren Lotkehlen zu berücksichtigen. Für die Lötflächenbreite und -länge ergeben sich deshalb:

– kein Deplazierungsrisiko, wenn:

$b_r \leq b_A - \Delta b_A$ <Gl. 5.7>

und $l_r \leq l_A - \Delta l_A$ <Gl. 5.8>

– Lötstellen zuverlässig und Lotkehlenbildung visuell überprüfbar, falls:

$b_r \geq b_A + \Delta b_A + 2 * 0{,}1$ mm <Gl. 5.9>

und $l_r \geq l_A + \Delta l_A + 0{,}2$ mm <Gl. 5.10>

bzw. $l_r \geq l_A + \Delta l_A + h/2$, bei Höhe $h > 0{,}4$ mm <Gl. 5.11>

Für das Wellenlöten ist günstig, wenn die Lötflächen keine Ecken (eine abgerundete Form) haben und die Lotwelle die Lötflächen sicher erreichen kann. Aus letzterem folgt für die Lötflächenabmessungen:

$b_w \geq b_A + \Delta b_A + 2 * 0{,}1$ mm <Gl. 5.12>

und $l_w \geq l_A + \Delta l_A + 2 * H$, wobei H = SMD-Höhe <Gl. 5.13>

Es besteht ein SMD-Überbeanspruchungsrisiko bei massiven Lötstellen. Kleinere Lötflächen sind weniger gefährdet. Für zuverlässige Verbindungen genügen kleine Lötstellenquerschnitte. Daraus ergibt sich:

$b_w \geq b_A/2$ <Gl. 5.14>

Gesamtforderungen

Diese unterschiedlichen, teilweise widersprüchlichen Anforderungen an die Lötflächenabmessungen erfordern ein sorgfältiges Abwägen. Generell sind für die Montage folgende SMD-Lötflächenabmessungen ein günstiger Kompromiß:

Padbreite:	$b = b_A + \Delta b_A + 2 * 0{,}1$ mm	<Gl. 5.15>
Padlänge: (Reflowlöten):	$l_r = l_A + \Delta l_A + 0{,}2$ mm	<Gl. 5.16>
bzw.	$l_r = l_A + \Delta l_A + h/2$, bei $h > 0{,}4$ mm	<Gl. 5.17>
Padlänge (Wellenlöten):	$l_w = l_A + \Delta l_A + 2 * H + 0{,}2$ mm	<Gl. 5.18>
Padabstand:	$A = 1 - 2 * l_A$	<Gl. 5.19>

wobei 1 die relevante SMD-Länge bzw. -Breite ist.

Bemerkungen

Relevant bedeutet hier Mittelwert einer betrachteten Größe bezogen auf die Gesamtheit aller für die Lötfläche zugelassenen bzw. vorgesehenen Bauelemente.

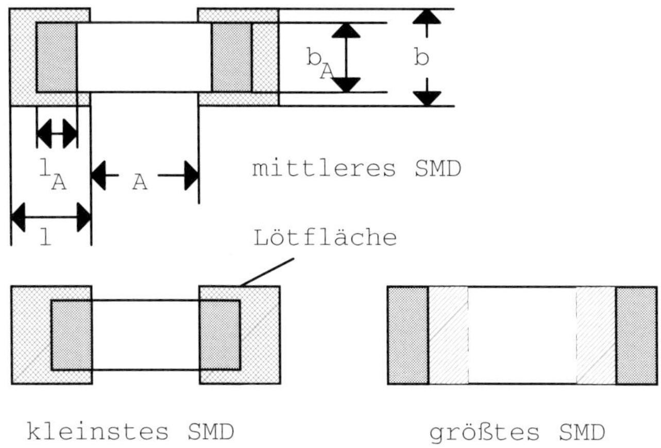

Abb. 5.11: Lötflächenabmessungen

Tabelle 5.2: SMD-Maße und -Toleranzen (in mm)

SMD-Typ	Bauform	Maße	Toleranzen	Anschlüsse	Toleranzen
Kerko	0805	2,0 x 1,5	± 0,2	0,5 x 1,25	± 0,25
Kerko	1206	3,2 x 1,6	± 0,2	0,5 x 1,25	± 0,25
Kerko	2220	5,7 x 5,0	± 0,2	0,5 x 1,25	± 0,25
Tako	A	4,6 x 2,6	± 0,25	0,75 x 1,9	± 0,25
Tako	C	8,1 x 4,6	± 0,25	1,75 x 3,3	± 0,25
R	MELF	5,9 x 2,2	± 0,2	0,5 x 2,2	± 0,15
R	MiniMELF	3,6 x 1,4		0,5 x 1,4	± 0,15
R	0805	2,0 x 1,5	± 0,2	0,5 x 1,25	± 0,25
R	1206	3,2 x 1,6	± 0,2	0,5 x 1,25	± 0,25
IC	SO 6	3,9 x 6,2	- 0,5	0,4 x 0,4	± 0,1
IC	SO 20	12,8 x 10,3	± 0,3	0,4 x 0,4	± 0,1
IC	PLCC68	25,3 x 25,3	- 0,7	0,4 x 0,4	± 0,1

Kleinere oder größere Lötflächenabmessungen und -abstände sind möglich, sofern darauf geachtet wird, daß die Lötflächen sich für die kleinsten und größten zugelassenen bzw. vorgesehenen SMD eignen. Die minimale Lötflächenbreite sollte der maximalen SMD-Anschlußbreite entsprechen. Die minimale Lötflächenlänge und der Lötflächenabstand sollte so gewählt werden, daß die Anschlüsse sowohl der kleinsten als auch der größten zugelassenen bzw. vorgesehenen SMD vollflächig aufliegen können *(Abb. 5.11)*.

Ein großes Problem bereiten beim Lötflächendesign die relativ großen SMD-Toleranzen; sie müssen beim Design berücksichtigt werden *(Tab. 5.2)*. Die Toleranzen einzelner Hersteller sind in der Regel kleiner als die in internationalen Normen für die SMD-Bauformen angegebenen Werte. Wenn nur ein oder eine Auswahl an Herstellern als Lieferant zugelassen ist, sind kleinere Lötflächen möglich.

5.6 Layout

Beim Layout von SMT-Schaltungen sind prinzipiell dieselben Punkte zu beachten wie bei anderen Schaltungen. Auch die Vorgehensweise ist prinzipiell dieselbe. Das SMT-Layout weist allerdings einige Unterschiede auf.

Für jeden SMD-Typ (Bauform) wird ein spezielles Lötflächenmuster benötigt, welches schon vor Layoutbeginn zur Verfügung stehen sollte. Häufig werden SMD-Lötflächenmuster erstellt, die zusätzliche Leiterstrukturen, beispielsweise zugehörige ,,Umsteiger" enthalten. Diese werden dann unverändert aus der CAD-Bibliothek in das Layout übernommen.

Bei SMT-Leiterplatten sollte das Lötstoppmaskenbild vom Layouter (nicht vom CAM-Bearbeiter des Leiterplattenherstellers) erstellt werden, da die Lötstoppmaske für die SMD-Montageprozesse wichtig ist.

5.6.1 Umsteigebohrungen

Bei Zwei- und Mehrlagenschaltungen müssen für die Verbindungen der einzelnen Lagen, da die SMD-Lötflächen keine Montagebohrungen enthalten, die Umsteigebohrungen extra kreiert werden.

Umsteigebohrungen normaler Größe (D > 0,5 mm) passen nicht in die SMT-IC-Lötflächen, die maximal 0,6 mm breit sind. Bei normalen Umsteigebohrungen in SMD-Lötflächen treten außerdem durch deren Kapillarwirkung häufig Lötprobleme auf. Bei Sackloch- oder Miniaturumsteigebohrungen (D < 0,4 mm) in SMD-Lötflächen treten dagegen keine Lötprobleme auf. Diese sind aber wesentlich teurer in der Herstellung. Empfehlenswert ist deshalb, normale Umsteigebohrungen außerhalb der SMD-Lötflächen zu plazieren.

5.6.2 Lötflächenanbindungen

SMD-Lötflächen sollten, um das Lötfehlerrisiko zu minimieren, mittels nicht zu breiter Leiter (b ≤ 0,5 mm) an andere Schaltungsteile angebunden werden. Bei Bedarf können mehrere Leiter angeschlossen werden. Ein mittiger Anschluß ist jeweils günstig. Die Leiter sollten mindestens so lang sein, daß sie mit einer Lötstoppmaske abgedeckt werden können.

Zu vermeiden sind SMD-Lötflächen ohne (Wärmefluß-)Isolationskanal in Masse- oder Stromversorgungsflächen und in anderen großen Kupferflächen sowie gemeinsame Lötflächen für mehrere SMD.

5.6.3 Lotfänger

Wenn Wellenlöten vorgesehen ist, sollten Lotfänger, das sind spezielle Flächen, auf denen sich überschüssiges Lot ansammeln kann, in das Layout integriert werden. Damit läßt sich an den IC-Lötstellen das Lotbrückenrisiko deutlich reduzieren. Zwei Lotfänger werden jeweils in Transportrichtung gesehen hinter den IC-Lötflächen angeordnet. Anstelle separater Lotfänger können auch die beiden letzten IC-Lötflächen entsprechend vergrößert werden *(Abb. 5.12)*.

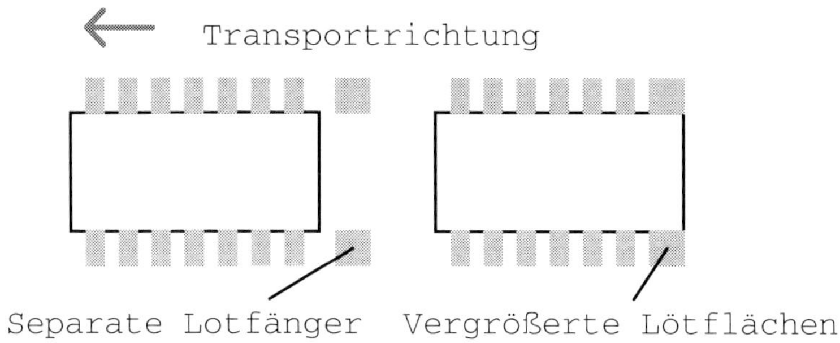

Abb. 5.12: Lotfänger

5.6.4 Testpunkte

Da beim Testen eine Kontaktierung der SMD-Anschlüsse und -Lötstellen vermieden werden sollte, müssen beim Layout, wenn keine anderen Kontaktierungsmöglichkeiten bestehen, zusätzlich Testflächen (Testpunkte) generiert werden.

5.6.5 Blindleiter

Damit die Leiterplattenoberfläche an allen Klebepunkten dasselbe Niveau hat, können, sofern in diesen Bereichen kein Leiter vorhanden ist, kurze Leiter (ohne Verbindungen zu anderen Leitern: Blindleiter) ins Layout aufgenommen werden. Dann kann überall mit derselben Kleberhöhe gearbeitet werden.

5.6.6 Lötstoppmaskenlayout

Für eine fehlerfreie SMD-Montage (Ausbildung guter Lötstellen) ist eine entscheidende Voraussetzung, daß die Lötflächen frei von Lötstoppmaterial sind. Dies muß beim Layout des Lötstoppmaskenbildes durch ausreichende Abstände zwischen den Lötflächen- und Lötstoppmaskenkanten berücksichtigt werden. Ein minimaler Abstand von 0,15 mm ist für die meisten Leiterplattenhersteller günstig.
Eine Lötstoppmaske zwischen den Lötflächen verhindert eine Lotbrückenbildung. Die kleinsten sicher reproduzierbaren Lötstoppmaskenstrukturen liegen in der Serienproduktion bei etwa 0,15 mm.
Durch das Abdecken von Umsteigebohrungen mit Lötstoppmaske (Lötstoppmaskententing) können insbesondere im SMD-Bereich die Lötrisiken reduziert werden.

5.7 Generelle SMT-Design-Empfehlungen (*Abb. 5.13*)

– Maximale Leiterbreite an Lötflächen:	0,5 mm (auf > 0,5 mm Länge)
– Leiteranbindung bei diskreten SMD: (insbesondere beim Reflowlöten)	symmetrisch
– Leiteranbindungen an Lötflächen:	mittig (max. 3)
– Benachbarte Lötflächen: (ggf. mit Leiter verbunden)	immer getrennt

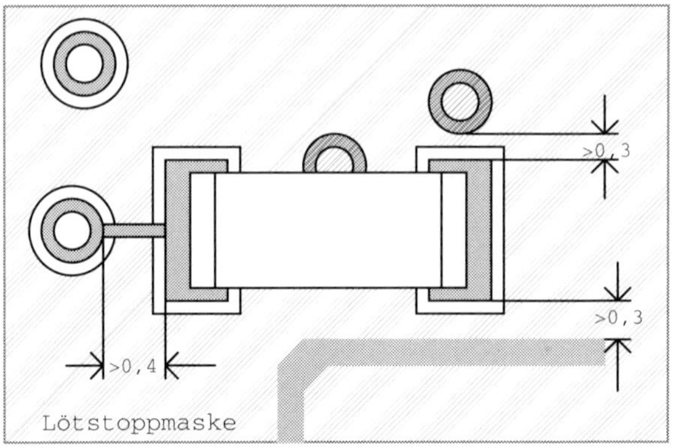

Abb. 5.13: Generelle SMT-Designempfehlungen

– SMD-Montageweise:	
bei FPD	Reflowtechnik
bei Mischbestückung einseitig:	Wellenlöttechnik
bei Mischbestückung beidseitig:	Reflow- und Wellenlöttechnik
– SMD-Plazierung:	große Abstände nicht unter Bauteilen nur in Achsenrichtung nicht auf gemeinsame Lötflächen
bei Wellenlötung:	alle SMT-IC nur in Transportrichtung
– Min. Lötflächenabstand zu Leitern:	0,3 mm
– Min. Lötflächenabstand zu Umsteigern:	0,4 mm
bei Lötstopptenting:	0,3 mm
– Umsteiger unter SMD:	nicht unter Chip-SMD (falls Umsteiger nicht mit Lötstoppmaske abgedeckt)
– Leiter unter SMD:	mittig und vollständig mit Lötstopp überdeckt

5.8. Lötstoppmaskenauswahl

Der Designer der SMT-Baugruppe sollte die Lötstoppmaske so auswählen, daß bei der SMD-Montage keine Probleme auftreten und die Baugruppe die geforderte Qualität und Zuverlässigkeit aufweist. Wie die Lötstoppmaske aufgetragen wird – als Flüssig- oder als Festfilm –, ist diesbezüglich unwichtig.

Bei dickeren Lötstoppmasken (relativ zur Leiterdicke) gibt es beim Wellenlöten einen Lotabschattungseffekt, so daß sehr kleine Lötflächen (b < 0,3 mm) oftmals nicht benetzt werden. Beim Reflowlöten können sich drahtanschlußlose SMD durch das Aufliegen bei dickeren Lötstoppmasken einseitig aufstellen (*Grabsteineffekt*).

Bei dünneren Lötstoppmasken (d ≤25 µm) treten diese Effekte kaum auf. Sie ebnen die Leiterplattenoberfläche allerdings weniger ein, was beim Kleberauftrag berücksichtigt werden muß.

Das Lötstoppmaskententing und das sichere Überdecken von Leitern (mit einer Mindestschichtdicke) ist mit Festfilmen einfacher als mit Flüssigfilmen durchzuführen. Festfilmlötstoppmasken sind allerdings deutlich dicker als Flüssigfilmlötstoppmasken; ihre Standarddicken sind 100 µm, 75 µm und 50 µm.

Eine anwendungsspezifische Auswahl des Lötstoppmaskentyps ist deshalb sinnvoll.

5.9 Nutzengestaltung

Die Bearbeitung von SMD-Leiterplatten im Nutzen ist sinnvoll (einfacheres und weniger Handling insbesondere bei kleinen Formaten). Da die meisten Fertigungseinrichtungen Durchlaufanlagen sind und ohne Werkstückträger betrieben werden, ist die Nutzentechnik, d. h. ein einheitliches Format, von großem Vorteil für die Produktion.

SMT-Baugruppen können im Nutzen in vielen Fällen beliebig angeordnet werden, da die automatische SMD-Bestückung und das Reflowlöten keine Vorzugsrichtung haben. Es sollten aber trotzdem dieselben Nutzengestaltungsregeln wie bei Lochmontagebaugruppen beachtet werden, damit die Nutzen in den übrigen Prozeßschritten erfolgreich bearbeitet werden können. Die Transportrichtung – die gleiche Ausrichtung aller Leiterplatten im Nutzen – ist jedoch nur zu beachten, wenn mit der Lötwelle gelötet werden soll.

6 Schaltungsträger für die SMT

6.1 Schaltungsträgermaterialien und -aufbau

Tabelle 6.1: SMT-Schaltungsträger (Eigenschaften und Anwendungen)

Material/Aufbau	**Eigenschaften/Anwendungen**
Phenolharz/Hartpapier (FR2)	billig, Consumerelektronik
Epoxidharz/Hartpapier (FR3)	durchkontaktierbar, heißverzinnbar
Epoxidharz/Glasgewebe (FR4)	kommerzielles Standardmaterial, Multilayer
Verbessertes Epoxid/Glasgewebe	wärme-, chemikalienbeständiger, dimensionsstabiler, zukünftiges SMT-Standardmaterial
BT-Epoxid	wärme, chemikalienbeständiger, dimensionsstabiler, kleine Dielektrizitätskonstante
Cyanatester/Quarz	hochtemperaturfest, kl. Dielektrizitätskonstante, teuer
HTG-Epoxidharz/Aramidpapier	TCE angepaßt, laser- und plasmabohrbar, Feinstleiter, Folien-Multilayer, MCM
Multilayer mit Metallkern	verbesserte Wärmeableitung, TCE-Anpassung
mit elastomeren Schichten	TCE-Anpassung (keine größere Anwendung)
Emaillierter Stahl	gute Wärmeableitung, billig, mechanisch und chemisch hoch belastbar
Eloxiertes Aluminium	leichter, sehr gute Wärmeableitung
Polyester	flexibel, billig, nicht löttemperaturbeständig
Polyimid	hochtemperaturfest, flexibel, Flex- und Starrflex-, Folien-Multilayer, MCM
PTFE /Teflon	kleine Dielektrizitätskonstante, kleiner Verlustfaktor, teuer, HF-Schaltungen
(Aluminiumoxid-)Keramik	TCE angepaßt, Dünn- und Dickfilmtechnik, Hybridschaltungen, Direktmontage
Glas	Dünnfilmtechnik, Hybridschaltungen, Direktmontage
HT-Thermoplaste (Formteile)	freie Formgebung (3D MID), Integration von Mechanik und Elektronik, rezyklierbar

Für die SMD-Montage kommen alle bekannten Schaltungsträger in Frage. Da keine Montagebohrungen benötigt werden, eignen sich auch mechanisch schwer bearbeitbare Materialien wie beispielsweise Keramik gut für SMA. *Tabelle 6.1* gibt eine Übersicht über die verwendeten Materialien bzw. Aufbautechniken.

Weitaus die meisten SMD werden aus Kostengründen auf konventionelle Leiterplatten montiert. Andere Träger oder neuartige Leiterplattenaufbauten werden nur für spezielle Anwendungen eingesetzt. Beispielsweise werden Aufbauten mit Metallkernen in der Praxis fast nur für die Wärmeableitung bei Hochleistungsschaltungen und selten für die Anpassung der thermischen Ausdehnungskoeffizienten eingesetzt. Sequentielle Multilayeraufbauten aus Polyimidfolien, eine innovative Aufbautechnik, werden für MCM, bei denen eine Feinstleiterstrukturierung unumgänglich ist, eingesetzt.

SMA für den Consumerbereich, beispielsweise Unterhaltungselektronikbaugruppen werden zum großen Teil als einseitige Schaltungen auf Phenolharz/Hartpapiermaterialien aufgebaut und im Siebdruck strukturiert. Reinkupferschaltungen sind bei diesen Produkten üblich. Die Lötbarkeit der Lötflächen wird durch organische Kupferschutzmittel aufrecht erhalten.

Für kommerzielle SMA (Baugruppen der Industrieelektronik, Meß-, Medizin-, Kommunikations-, Informations-, Automobil-, Luft- und Raumfahrt- sowie Militärtechnik) werden überwiegend Epoxidharz/Glasgewebe-Basismaterialien verwendet. Komplexere SMT-Schaltungen werden häufig als Multilayer mit 4 bis 8 Lagen realisiert. Fotolötstoppmasken und eine Heißverzinnung der Lötflächen sind bei diesen Schaltungen allgemeiner Standard. Relevante Eigenschaften verschiedener Substrate sind in *Tabelle 6.2* aufgelistet.

Tabelle 6.2: Materialeigenschaften

Material	Epoxid/ Glasgewebe	Polyimid	Keramik	Metallkern
Dielektrizitätsk.	4,6 . . . 5,0	3,5	4,2 - 5,3	–
Verlustfaktor	0,017 . . . 0,020	0,025	0,0001 . . . 0,001	–
TCE / ppm/k	10 . . . 16	18 . . . 31	4,0 . . . 8,6	5,0 . . . 23,3
Wärmeleitf. / W/m	0,15 . . . 0,35	0,35 . . . 0,46	17	23,8 . . . 400

6.2 Anforderungen an die Schaltungsträger

6.2.1 Strukturierbarkeit

Ein Feinleiterlayout (Leiterbreiten und -abstände < 200 µm, Umsteigerpaddurchmesser < 1,0 mm) ist bei SMA üblich. Bei mehreren Feinrasterbauelementen mit vielen Anschlüssen oder hochkomplexen Schaltungen ist in vielen Fällen eine Feinstleiterstrukturierung (Leiterbreiten und -abstände < 100 mm, Umsteigerpaddurchmesser < 0,5 mm) notwendig. Bei MCM werden in naher Zukunft sogar Superfeinstleiterlayouts (Leiterbreiten und -abstände < 50 µm, Umsteigerpaddurchmesser < 0,25 mm) Standard sein *(Tabelle 6.3).*

Tabelle 6.3: Layoutforderungen

Rastermaß/mm	Leiterbreite/µm	Umsteiger/mm	Restringbreite/µm	Bohrung/mm
2,54	300	1,2	300	0,6
1,27	150	0,6	150	0,3
0,635	75	0,3	75	0,15
0,5	60	0,25	60	0,13
0,4	50	0,2	50	0,1
0,3	35	0,15	35	0,08
0,2	25	0,1	25	0,05

6.2.2 Dimensionsstabilität

An die Dimensionsstabilität des Trägermaterials werden insbesondere bei Feinstleiterschaltungen hohe Forderungen gestellt. In der SMT müssen nicht nur die einzelnen Multilayerlagen dimensionsmäßig genau zusammenpassen, sondern auch die Lötflächenbilder der Außenlagen mit dem Lotpastendruckbild, d. h. der Lotpastendruckschablone. Wenn man von einem maximal zulässigen Versatz von 25 % der Lötflächenbreite zwischen dem Lotpastendruckbild und dem Leiterbild ausgeht, ergibt sich bei einer 500 mm langen Leiterplatte, die 0,2 mm breite Lötflächen aufweist, für die erforderliche Dimensionsstabilität 0,01 %.

Dimensionsstabilität $D < V_{max} * b / L$ <Gl. 6.1>

Typisches Beispiel: $D < 25\ \% * 0{,}2\ \text{mm} / 500\ \text{mm} = 0{,}01\ \%$

6.2.3 Löttemperaturbeständigkeit

SMA werden während der SMD-Montage meist mehrmals gelötet (Reflow-, Wellen- und Handlötung). Wie alle anderen Komponenten darf auch der Schaltungsträger dabei keinen Schaden nehmen. Für SMD werden von den Bauelementeherstellern entsprechend internationaler Normen generell folgende Löttemperaturbeständigkeiten garantiert:

Reflowlöten: T = 215 °C für > 30 s
Wellenlöten: T = 260 °C für > 10 s

Mehrmaliges Löten ist bei den meisten SMD zulässig, wenn zwischendurch eine Abkühlung erfolgt.

Dieselben Beständigkeiten wie bei den SMD sind mindestens vom Schaltungsträger zu fordern, da er die gleichen Prozeßschritte durchläuft.

Ein besonderes Problem sind die relativ langen Vorheiz- und Abkühlzeiten beim Löten. Beim Infrarotreflowlöten liegt die Oberflächentemperatur einer Baugruppe während mehrerer Minuten über 130 °C. Sie liegt damit relativ lange über oder im Bereich der Glasumwandlungstemperatur von Basismaterialien aus Epoxidharz/Glasgewebe. Diese Belastung darf den Schaltungsträger nicht schädigen.

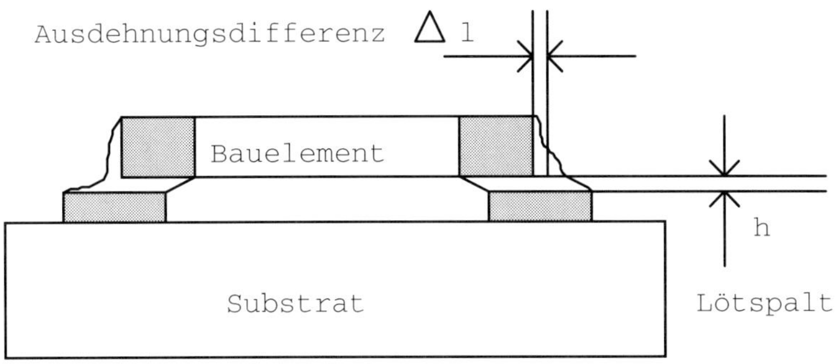

Abb. 6.1: S ~ Δ l/h Lötstellenscherspannung

6.2.4 TCE-Anpassung/Scherkraftgerechter Aufbau

Bei einigen SMD-Typen können Zuverlässigkeitsprobleme auftreten, wenn diese auf Schaltungsträger montiert werden, die einen abweichenden thermischen Ausdehnungskoeffizienten (engl.: Thermal Coeffizient of Expansion, Abk.: TCE) haben. Bei Temperaturwechsel können Scherkräfte auftreten, die über der Festigkeit der Lötstellen liegen *(Abb. 6.1)*.

Für die Lötstellenscherspannung aufgrund einer durch einen Temperaturwechsel hervorgerufenen Ausdehnungsdifferenz gilt für SnPb-Lote:

$$S = \Delta l/h \cdot 600\ N/mm^2 \quad \text{(nach [9])} \qquad \text{<Gl. 6.2>}$$

Die Kurzzeitscherfestigkeit von SnPb-Lötstellen beträgt etwa 40 N/mm² [10]. Zuverlässig ist eine Baugruppe nur, wenn dieser Wert von den im Betrieb und bei Lagerung und Transport auftretenden Scherspannungen nicht überschritten wird.

Der TCE einer Leiterplatte aus FR 4-Basismaterial liegt zwischen 10 bis 16 ppm/K. Drahtanschlußlose Keramik-SMD haben einen TCE von 6 ppm/K.

Wenn beispielsweise ein Leadless Ceramic Chip Carrier mit 68 Anschlüssen im Rastermaß 1,27 mm, der eine Kantenlänge von 24,13 mm hat, direkt auf FR 4-Basismaterial gelötet wird, ergibt sich für eine Lötspaltweite von 100 µm bei einem Temperaturwechsel um 100 K folgende Scherspannung an den Lötstellen im Bereich der Ecken (vgl. *Abb.6.2* und *Gl. 6.2*):

$$\begin{aligned} S &= \Delta l / h * 600\ N/mm^2 \\ &= \Delta T * \Delta TCE * l / h * 600\ N/mm^2 \\ &= 100\ K * 10 * 10^{-6}/K * 24{,}13\ mm * 0{,}5 * 2^{1/2} / 0{,}1\ mm * 600\ N/mm^2 \\ &= 101\ N/mm^2 \end{aligned}$$

Keramik-SMD ohne Drahtanschlüsse können deshalb nur bei Kantenlängen unter etwa 10 mm ohne TCE-Anpassungsmaßnahmen scherkraftgerecht auf FR 4-Basismaterialien gelötet werden.

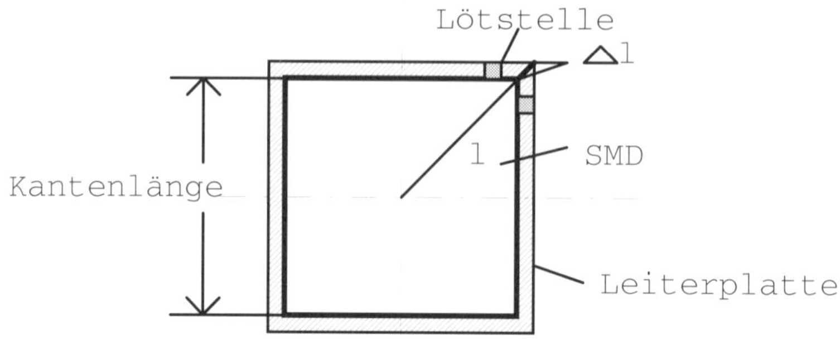

Abb. 6.2: Unterschiedliche thermische Expansion

Gegebenenfalls kommen folgende TCE-Anpassungsmaßnahmen in Frage:

- Lotspaltweite erhöhen (z. B. durch Abstandshalter)
- Keramik-SMD mit Drahtanschlüssen verwenden (andere Bauform oder extra Drahtanschlußteile)
- passenden Metallkern in Multilayer einbauen
- elastomere Zwischenschicht unter den Lötflächen einbauen
- anderes Trägermaterial verwenden (z. B. Al_2O_3-Keramik)

6.2.5 Lötflächenaufbau und -oberfläche *(Tabelle 6.4)*

Heißverzinnte und normal umgeschmolzene SnPb-Lötflächen löten sehr gut, sie haben allerdings keine ebene Oberfläche. Bei der FPD-Montage können deshalb Probleme

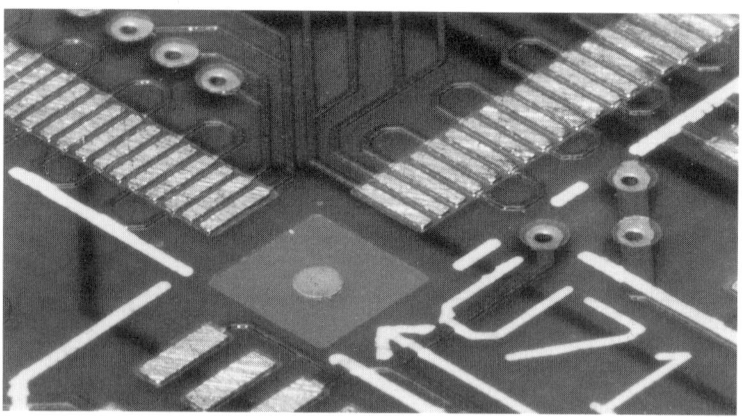

Abb. 6.3: Leiterplatte mit Optipad-Massivlotdepots *(Bischof & Broel KG)*

Abb. 6.4 Leiterplatte mit DODUCHEM-Chemisch Ni/Au beschichtet *(Doduco GmbH + Co.)*

Tabelle 6.4: Lötflächenoberflächen

Verfahren	typ. Aufbau	Vorteile	Nachteile
HAL	0-50 µm Lot	preiswert gut lötbar lang lagerfähig	Schichtdicke undefiniert min. Strukturen begrenzt keine planen Oberflächen
Cu mit Anlaufschutz	dünne Passiverungs-schicht	preiswert plane Oberflächen	z. T. thermisch instabil aktive Flußmittel nötig
chem. Metallisierung	max. einige mm Sn/Pb oder Ni/Au	plane Oberflächen	Wechselwirkungen mit LSM aufwendige Verfahren
Massivlotdepot (Optipad, Sipad)	> 100 µm Lot	plane Oberflächen gut lötbar lang lagerfähig weniger Lötfehler kein extra Lot	derzeit nur für SMT aufwendige Verfahren

durch Verrutschen der Drahtanschlüsse auftreten. Deshalb werden verschiedene Alternativen getestet, die eine plane Lötflächenoberfläche ergeben. Unter anderem kommen mit einem organischen Schutz versehene Reinkupferlötflächen, chemische und partielle galvanische Metallisierungen sowie verschiedene Massivlotdepots zur Anwendung *(Abb. 6.3, 6.4)*. Während Reinkupfer weniger als HAL kostet, sind alle anderen Oberflächen deutlich teurer.

6.3 Dreidimensionale Schaltungsträger (3D MID)

SMD können auf dreidimensionale Schaltungsträger (Kunststoffformteile) montiert werden. Die Kunststoffformteile werden hierzu (partiell) metallisiert. Das Leiterbild kann derzeit auf Kunststoffformteilen noch nicht so fein strukturiert werden wie auf Leiterplatten. Für die SMD-Montage werden Lötflächen wie auf gewöhnlichen Leiterplatten erzeugt, so daß sich dreidimensionale Schaltungen im wesentlichen nur durch das Trägermaterial und dessen Form von anderen Schaltungsträgern unterscheiden.

Bei der Kunststoffauswahl und der -formgebung müssen die vorgesehenen SMD-Montageprozesse und -einrichtungen berücksichtigt werden. Insbesondere muß der Kunststoff ausreichend lötbeständig sein und die Form Zugangsmöglichkeiten bzw. Freiräume für die Montagewerkzeuge aufweisen. Die SMD-Montage ist am einfachsten, wenn folgende Punkte erfüllt werden:

- Kunststoff ist löttemperaturbeständig (T > 260 °C)
- Lötflächen sind ausreichend belotet (D > 5 µm)
- $2^1/_2$ D-Form (SMD nur auf planparallelen Flächen)
- SMD nur auf der Außenfläche
- SMD nur auf einem Niveau

Als Materialien für dreidimensionale Schaltungen werden vorwiegend hochtemperaturfeste Kunststoffe eingesetzt. Außer der freien Formgebung haben diese Materialien noch weitere vorteilhafte Eigenschaften. Sie sind schwer entflammbar und rezyklierbar.

7 Auftragen von Lotpaste und Kleber

7.1 SMD-Vormontage

Vor der endgültigen Verbindung durch Löten werden SMD auf den Schaltungsträger geklebt. Diese Vormontage erfolgt entweder bei vorgesehener Wellenlötung mittels SMD-Kleber oder bei vorgesehener Reflowlötung mittels Lotpaste oder Spezialflußmittel. Der SMD-Kleber wird als (in der Regel) punktförmiger Klebepunkt zwischen den Lötflächen aufgebracht. Die Lotpaste oder das Spezialflußmittel wird (in der Regel) konturengetreu auf die SMD-Lötflächen appliziert. Alle Vormontagemedien müssen eine Klebekraft (Haftung) aufweisen, die sicherstellt, daß die SMD in der Zeit zwischen Bestücken und Löten unverändert in ihrer Position auf der Leiterplatte gehalten werden. Sie müssen zudem einfach und schnell aufgebracht werden können und ihre Form nach dem Auftragen behalten, d. h. sie dürfen nicht verlaufen. Weitere Gemeinsamkeiten bestehen in den Anforderungen an die Verarbeitungseigenschaften.

Wenn SMD mit Leitkleber montiert werden, ist kein Lötprozeß erforderlich. Auf Leitkleber und den Leitklebeprozeß wird nicht eingegangen, da das Leitkleben (Leitkleber auftragen und aushärten) in ähnlicher Weise wie das SMD-Kleben erfolgt.

7.2 SMD-Kleber

Für das SMD-Kleben werden überwiegend wärmehärtende einkomponentige Epoxidharzkleber eingesetzt, weil diese die Anforderungen am besten erfüllen. Zweikomponentige Epoxidharzkleber werden wegen der zusätzlich notwendigen, aufwendigen Mischung der Komponenten und der kürzeren Topfzeit seltener verwendet. Dasselbe gilt für Acrylharzsysteme. Diese UV-härtenden Systeme erfordern sichtbare Klebepunkte, was zu zusätzlichem Leiterplattenflächenverbrauch führt. Oft werden deshalb sogar zwei statt einem Klepepunkt benötigt. Cyanacrylatkleber eignen sich wegen ihrer sehr schnellen Aushärtung nicht für die in der SMT gebräuchlichen Auftragsverfahren Siebdruck, Schablonendruck und Stifttransfer. Neue lichtaktivierbare SMD-Kleber auf Epoxidharzbasis weisen eine lange Lagerbarkeit bei Raumtemperatur (1 Jahr) und günstige Aushärtungsbedingungen auf (bei T = 70 bis 80 °C in t = 3 bis 5 min).

Da die Verarbeitungseigenschaften – vor allem die Viskosität – von den Umweltbedingungen beeinflußt werden, sind entsprechende Maßnahmen zu treffen. Beispielsweise sind temperaturgeregelte Dosierköpfe erforderlich. SMD-Kleberbehältnisse sollten nur zur Entnahme geöffnet und ansonsten verschlossen gehalten werden. SMD-Kleber werden in Kartuschen und Dosen verschiedener Größen verpackt angeboten, in denen sie bis zur Applikation aufbewahrt werden *(Abb. 7.1)*.

SMD-Kleber werden meistens per Dosiergerät (Dispenser) aufgetragen. Das Dispensen und der weniger häufig praktizierte Stifttransfer sind auch dann noch möglich, wenn

Abb. 7.1: Thermisch härtender SMD-Kleber PD 922 zum High Speed-Dispensen in verschiedenen Kartuschen *(Heraeus)*

eine Leiterplatte bereits mit anderen Bauelementen bestückt ist. Per Sieb- und Schablonendruck wird SMD-Kleber seltener aufgetragen, weil bei diesem Verfahren keine individuelle Klebepunkthöhe realisiert werden können.

Die notwendige Klebepunkthöhe ist vom SMD-Typ abhängig. SMD mit größerem Montagespalt erfordern höhere Klebepunkte. Die Klebepunkte müssen in jedem Fall höher als die zugehörigen SMD-Lötflächen sein. Wenn Klebepunkte auf mit Lötstoppmaske abgedeckte Leiter gesetzt werden, wird dies mit geringeren Kleberhöhen erreicht *(Abb. 7.2)*. Bei größeren SMD können mehrere Klebepunkte gesetzt werden, um eine ausreichende Haftung sicherzustellen. Kleber darf aber in keinem Fall auf die Lötflächen geraten, da er ein Löten sicher verhindert. Da der SMD-Kleber beim Plazieren der SMD etwas gequetscht wird, ist ein ausreichender Abstand zwischen Klebepunkten und Lötflächen beim Design zu berücksichtigen.

Folgende Anforderungen werden an SMD-Kleber üblicherweise gestellt:

- applizierbar per Dispenser, im Siebdruck, im Schablonendruck oder per Stifttransfer (jeweils passende Viskosität)
- Lagerzeit > 6 Monate (möglichst bei Raumtemperatur)
- Topfzeit > 8 h
- kein Fädenziehen (auch beim schnellen Dispensen)
- keine Gasblasen (bei Dispenserauftrag)
- Formstabilität (thixotrop, kein Verlaufen)

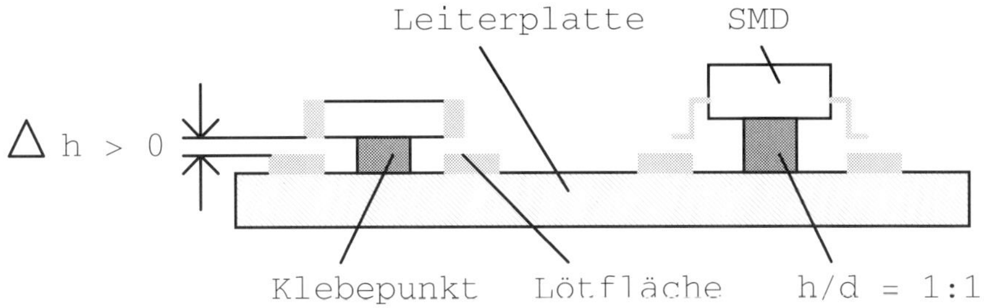

Abb. 7.2: SMD-Klebepunkte

- realisierbares Klebepunkthöhen/-durchmesserverhältnis von ≥ 1:1
- ausreichende Klebekraft im ungehärteten Zustand bei allen SMD-Typen (Oberflächenmaterialien)
- Klebepunkte visuell kontrollierbar
- keine unerwünschten Wechselwirkungen mit Lötstoppmasken, Fluß- und Reinigungsmitteln u. ä. Mitteln
- keine (korrosiv wirkenden) Ausscheidungen
- günstige elektrische Eigenschaften auch in feuchter Wärme
- mehrere Aushärtungsmöglichkeiten (bevorzugte Bedingungen: in Wärme bei T = 100 bis 120 °C in t = 4 bis 10 min)
- Reparierbarkeit (aufgeklebte – und gelötete – SMD müssen ohne Leiterplattenschädigung entfernt werden können)

Der SMD-Kleber wird nach dem SMD-Bestücken ausgehärtet. Das Aushärten erfolgt chargenweise in Trocknungsöfen oder kontinuierlich in Durchlaufanlagen. Reflowlötanlagen können bei einer entsprechenden Temperaturprofileinstellbarkeit benutzt werden.

7.3 Lotpaste

Lotpasten sind Gemische. Sie bestehen zu etwa 90 Gew.-% aus Metallpulver. Der Rest setzt sich aus Flußmittel (zum größten Teil Harze und Aktivatoren) und weiteren organischen Hilfsstoffen (u. a. Thixotropiermittel) zusammen. Die Harze halten die Lotpulverkügelchen in einer Art Schwebezustand und schützen sie vor Oxidation. Lotpasten unterscheiden sich in der Lotlegierung, im Lotpulver- und im Flußmitteltyp. Folgende Legierungen sind in der SMT gebräuchlich:

- L-Sn60Pb
- L-Sn63Pb
- L-Sn63 PbAg mit 1,5 % Silberanteil
- L-Sn62PbAg mit 2 % Silberanteil

Die silberhaltigen Lotpasten werden überwiegend zum Löten von SMD mit AgPd-Anschlußmetallisierungen eingesetzt. Da die Lotpasten den Gefahrstoff Blei enthalten,

Tabelle 7.1: Lotpulvertypen
(Partikeldurchmesser in µm)

Lotpulvertyp (nach DIN)	**≥ 85 %**	**≤ 10 %**	**≤ 3 %**	**≤ 3 %**	**0 Partikel**
1	75 – 125	63 – 75	< 63	125 – 140	> 140
2	45 – 75	32 – 45	< 32	75 – 80	> 80
3	20 – 45	15 – 20	< 15	45 – 50	> 50

sind entsprechende Vorsichtsmaßnahmen bei der Handhabung und der Entsorgung einzuhalten.

Zum Einsatz kommen Flußmittel auf Kolophoniumbasis (vor allem die Typen F-SW 32 und RMA) und wäßrig entfernbare, synthetische Flußmittel. Lotpasten, die bzw. deren Flußmittel keine störenden Rückstände hinterlassen, sogenannte *No-Clean-Lotpasten*, werden zunehmend eingesetzt. Neuerdings kommen auch spezielle Lotpasten für das Reflowlöten unter Schutzgas auf den Markt.

Der Lotpulvertyp *(Tabelle 7.1)* richtet sich nach der Anwendung. Je feiner die kleinsten zu applizierenden Lotpastenstrukturen sind, desto feiner muß das Lotpulver sein. Für die SMT sind Lotpulver mit Lotpartikeln im Bereich von 20 bis 75 µm notwendig. Die Lotpartikel sollten möglichst kugelförmig sein, damit sich die Lotpaste gut drucken bzw. dispensen läßt.

Lotpasten werden meistens im Sieb- und Schablonendruck aufgetragen. Dispensen und Stifttransfer werden deutlich seltener angewendet.

Da die Verarbeitungseigenschaften – vor allem die Viskosität und das Aufschmelzverhalten – von den Umweltbedingungen beeinflußt werden, sind entsprechende Maßnahmen zu treffen. Beispielsweise muß verhindert werden, daß sich Feuchte niederschlägt. Deshalb dürfen die Lotpastenbehältnisse nach der Entnahme aus einem Kühlschrank erst geöffnet werden, wenn sie die Raumtemperatur erreicht haben. Lotpasten dürfen vor dem Drucken und Bestücken auch nicht eintrocknen. Ihr Verarbeitungszeitraum muß deshalb kontrolliert werden. Lotpastenbehältnisse sollten nur zur Entnahme geöffnet und ansonsten verschlossen gehalten werden.

Die ideal aufzubringende Lotpastenmenge (Schichtdicke) ist vom SMD-Typ abhängig. Beim Lotpastenauftrag mit einem Druckverfahren sind jedoch meist Kompromisse erforderlich. Besonders bei FPD und anderen SMD mit vielen dicht benachbarten Anschlüssen treten beim Löten mit (zu)viel Lotpaste häufig Lotbrücken auf. Andererseits sind wegen der Scherfestigkeit nach dem Löten ausreichend große Lotspalte notwendig. Lotspalte von etwa 100 µm sind aus Zuverlässigkeitsgründen für viele SMD-Typen erforderlich. Diese lassen sich mit Lotpastendruckschablonen von 150 bis 200 µm Dicke erzielen. Die „nasse" Lotpastenschichtdicke von 150 bis 200 µm nach dem Drucken wird nämlich beim Löten durch Verflüchtigen bzw. Reaktionen der (etwa 50 Vol.-%) organischen Bestandteile reduziert. Ein Teil des Lotes fließt zudem aufgrund der auftretenden Oberflächenspannungen und Benetzungskräfte auf die Anschlüsse. Falls die Lotmenge für das FPD-Löten zu groß ist, aber die Schichtdicke für andere SMD benötigt wird, empfiehlt es sich, die FPD-Lötflächen nur teilweise zu bedrucken oder partiell dünnere Druckschablonen zu verwenden. Bei FPD-Lötflächen werden die kleineren Lotpastendepots teilweise in Lötflächenlängsrichtung versetzt gedruckt. Wenn Siebe zum Lotpastendrucken benützt werden, muß bei der Dimensionierung der Siebschablone berücksichtigt werden, daß je nach Gewebetyp eine bis zu 50 % geringere Öffnung im Sieb als in einer Metalldruckschablone vorliegt *(Abb. 7.3)*.

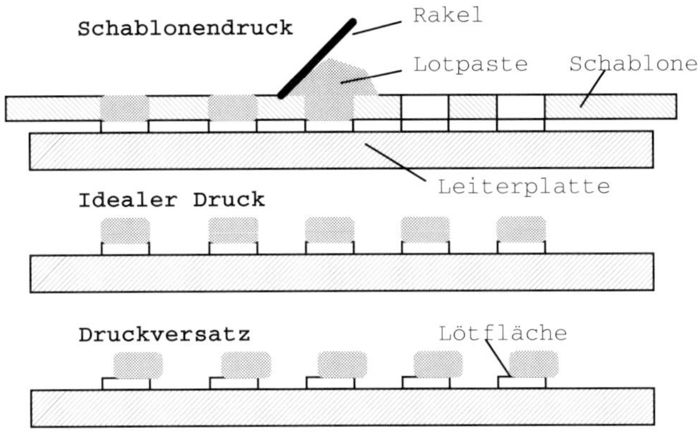

Abb. 7.3: Lotpastendruck

Etwa zwei Drittel aller Fehler, die an gelöteten SMA festgestellt werden, beruhen auf mangelhaftem Lotpastendruck. Lotpaste muß möglichst konturengetreu und mit einer konstanten Schichtdicke auf die Lötflächen gedruckt werden, um Lötfehler zu vermeiden. Versatz und Verschmierungen können beim Löten zu Lotbrücken und Lotperlen führen. Ebenso kann eine nur teilweise oder lokal zu dünne Lotpastenbelegung Lötfehler hervorrufen. Bei SMA wird deshalb allgemein gefordert, die Lotpaste mit einer Toleranz von weniger als ein Viertel des Anschlußrastermaßes aufzutragen.

Folgende Anforderungen werden an Lotpasten üblicherweise gestellt:

- applizierbar im Siebdruck, im Schablonendruck, per Dispenser oder per Stifttransfer (jeweils passende Viskosität, unter Druck dünnflüssiger)
- Lagerzeit > 6 Monate (möglichst bei Raumtemperatur)
- Verarbeitungszeit > 8 h
- kein Fädenziehen (z. B. beim Abheben der Druckschablone)
- keine Gasblasen (bei Dispenserauftrag)
- Formstabilität (thixotrop, kein Verlaufen auch während der Vorwärmphase)
- realisierbare Schichtdicke ≥ 250 µm
- ausreichende Klebekraft (einige g/mm^2)
- Eignung für alle gängigen Reflowlötverfahren (IR-, Kondensations-, Stempel-, Laser-, Heißgaslöten)
- kein Vortrocknen vor dem Lötprozeß erforderlich
- Benetzung: zumindest die bedruckten Flächen dürfen nicht entnetzen
- geringer Oxidgehalt (< 0,025 %), so daß beim Aufschmelzen keine Lötperlen gebildet werden
- keine Lotspritzer beim Aufschmelzen

Abb. 7.4: No-Clean-Lotpasten F 370 (zum Schutzgaslöten) und F 360 (zum Löten in Luft) *(Heraeus)*

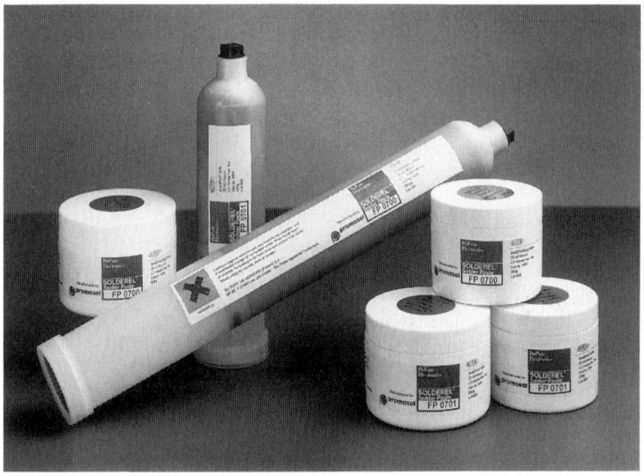

Abb. 7.5: Rückstandsarme Feinleiter-Lotpasten Serie „Solderel" FP 0700 für die FPD-Montage *(DuPont)*

- keine unerwünschten Wechselwirkungen des enthaltenen Flußmittels mit Lötstoppmasken und ggf. Reinigungsmitteln
- keine (korrosiv wirkenden) Rückstände bzw. entsprechende Reinigungsmöglichkeit
- ionische Restverunreinigung zwischen den Lötstellen $< 1\ \mu g\ NaCl_{eq} / cm^2$ (ggf. nach Reinigung)
- Oberflächenwiderstand 1 GΩ
- günstige elektrische Eigenschaften auch in feuchter Wärme

Lotpasten werden in Kartuschen und Dosen verschiedener Größen verpackt angeboten, in denen sie bis zur Applikation aufbewahrt werden *(Abb. 7.4, 7.5).*

7.4 Sieb- und Schablonendruck

Im Sieb- und im Schablonendruck werden alle Löt- bzw. Klebeflächen des Schaltungsträgers gemeinsam beschichtet. Voraussetzung für das Sieb- und das Schablonendrucken ist, daß die Schaltungsträger eine ebene Oberfläche aufweisen, d. h. auf der zu bedruckenden Seite noch nicht bestückt und frei von durchgesteckten Drahtanschlüssen sind.

Die aufgetragenen Schichten sind, abgesehen von Spezialfällen, überall gleich dick. Die Schichtdicke wird vom Druckwerkzeug (Siebart, Schablonendicke) bestimmt.

Sieb- und Schablonendruck können mit denselben Geräten durchgeführt werden. Eine goße Gerätevielfalt von einfachen Handgeräten bis zu vollautomatischen Drucksystemen steht dafür zur Verfügung.

Beim Siebdruck wird die Lotpaste bzw. der Kleber mit einem Sieb aufgetragen, das eine Filmschablone trägt, die Öffnungen im Bereich der zu bedruckenden Flächen hat. Beim Schablonendruck dient hierzu eine Metallschablone, die direkt oder in ein im Schablonenbereich ausgeschnittenes Sieb geklebt in den Spannrahmen des Druckgerätes montiert wird *(Abb. 7.6)*. Beim SMT-Siebdruck wird verfahrenstechnisch wie bei anderen Siebdruckaufgaben vorgegangen. Beim Schablonendruck wird dagegen wegen der geringeren Metallschablonenspannung ohne Absprung gedruckt (Kontaktdruckverfahren).

Mit dem zunehmenden Einsatz von FPD wird immer mehr zum Schablonendruck übergegangen, da Siebe, die wegen des Gewebes nie vollständig offen sind, bei sehr kleinen zu bedruckenden Flächen die Lotpaste nicht vollständig durchdrucken lassen.

Das Druckschablonenmetall darf mit der Lotpaste bzw. dem Kleber nicht reagieren, damit diese in ihrer Funktion nicht eingeschränkt werden. Metalldruckschablonen werden aus Neusilber, Messing, Edelstahl, Nickel oder Molybdän hergestellt. Ihre Standzeit ist deutlich größer (bis über 100 000 Drucke) als die von Sieben mit Filmschablonen (einige Tausend Drucke). Fotoätztechnisch lassen sich Öffnungen in den Metallschablonen mit einer Toleranz von $\pm$ 50 µm erzeugen, lasertechnisch mit einer Toleranz von $\pm$ 10 µm. Die Ätzlippen stören in kleinen Öffnungen den Lotpasten-

Abb. 7.6: Metallschablonen direkt in Zelflex-Spannrahmen montiert

Abb. 7.7: Geätzte Metallschablonen aus verschiedenen Materialien *(Ätztechnik Herz)*

Abb. 7.8: Gelaserte Metallschablone (Öffnungen von 120 µm mit Lotpaste in 200-facher Vergrößerung) *(LPKF CAD/CAM Systeme)*

auftrag. Deshalb werden bei kleinen Anschlußrastermaßen gelaserte Schablonen bevorzugt *(Abb. 7.7, 7.8)*. Die feinsten Strukturen und die glattesten Wandungen lassen sich mittels Galvanoformung realisieren. Mit Galvanoformung können sowohl senkrechte als auch trapezförmige Öffnungen hergestellt werden. Eine gute Wandungsqualität ist eine wesentliche Voraussetzung für ein gutes Druckergebnis. Schlechte (nicht glatte) Wandungen können beispielsweise dazu führen, daß ein Teil der aufgedruckten Lotpaste beim Abheben der Schablone mitgerissen wird.

Mit Metallrakeln erhält man (trotz geringerem Rakeldruck) reproduzierbarere Lotpastendruckergebnisse als mit Hartgummirakeln, weil erstere nicht in die Öffnungen der

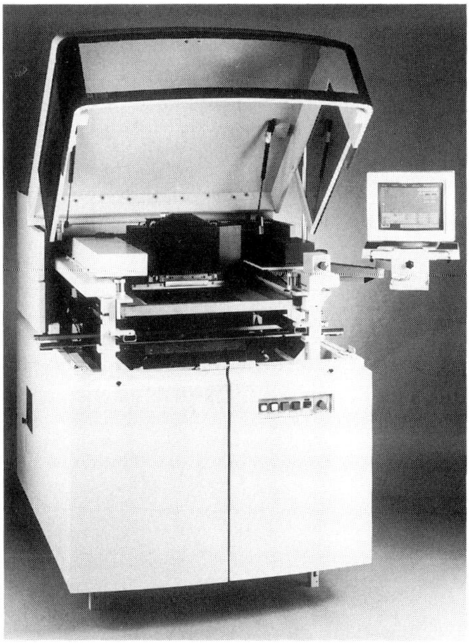

Abb. 7.9: Vollautomatischer SMT-Siebdrucker AP 25 mit adaptiver Einstellung *(MPM International)*

Abb. 7.10: Vollautomatisches Inline-Siebdrucksystem SMTECH AVP 300 mit integriertem Visionsystem *(Multi Components)*

Druckschablone eintauchen. Der Rakeldruck (z. B. 70 N) und die Rakelgeschwindigkeit (z. B. 12 mm/s) sind die wesentlichen Parameter beim Schablonendruck. Das Siebdruckgerät muß der Rakelgröße entsprechende Einstellmöglichkeiten bieten.
Die Druckeinrichtung muß zur jeweiligen Fertigung passen. Unterschiede gibt es nicht nur im Druckformat und den Parametereinstellmöglichkeiten, sondern in vielen Geräteeigenschaften. Ein manueller Druck – entsprechende Geräte werden angeboten – ist für die Serienproduktion nicht sinnvoll, da die notwendige Reproduzierbarkeit nicht gegeben ist. Siebdruckhalb- oder -vollautomaten sind dafür besser geeignet. Für die Massenproduktion eignen sich Siebdrucksysteme mit Durchlauftransporteinrichtungen *(Abb. 7.9, 7.10)*.
Nachfolgend werden generelle Anforderungen und einige Merkmale technisch anspruchsvoller Siebdruckeinrichtungen aufgezählt:

- Druckerpositioniertoleranz von 10 µm für FPD-Anwendungen
- Drucken mit und ohne Absprung (Sieb- und Schablonendruck)
- Doppeldruck u. a. Druckarten
- Vakuum- oder Pneumatikfixierung der Leiterplatten
- Metalldruckschablonen- und Siebrahmenaufnahme
- Visionssystem zur Positionskorrektur
- alle Parameter voreinstellbar bzw. programmierbar
- Rakelführung verstellbar (Schrägstellung usw.)
- Rakelaufnahme auf Hohlrakel, Doppelrakel usw. umrüstbar
- automatisches Be- und Entladen
- automatischer Druckwerkzeugwechsel
- automatische Lotpastennachdosierung (mit Temperierung)
- kontrolliertes Klima im Druckbereich
- automatische Schablonenreinigung
- integrierte Lotpastendruckkontrolle
- adaptive Einstellung der Parameter

7.5 Dispensen

Jeder Punkt bzw. jede Fläche wird beim Dispensen, dem Auftragen eines Mediums mit einem Dosiergerät, einzeln bedruckt. Dies geht heute sehr schnell. Mehrere Zehntausend Punkte können mit einer Maschine stündlich aufgetragen werden. Das punktweise Auftragen kostet bei vielen zu bedruckenden Flächen trotzdem mehr Zeit als das Siebdrucken. Von besonderem Vorteil sind beim Dispensen die Möglichkeiten, auf jede Einzelfläche spezifisch und unabhängig von der übrigen Oberfläche – also auch bei bereits erfolgter Bestückung – auftragen zu können. Damit eignet sich das Dispensen vor allem für den Kleberauftrag. Beim Dispensen wird der SMD-Kleber aus einer Kartusche über eine Dosiernadel auf die Leiterplatte tranferiert. Die Klebermenge wird dabei mit einem gesteuerten Druckluftstoß und aufgrund der ausgewählten Kanüle (Durchmesser) dosiert.
Für das Dispensen stehen von einfachen Handdosiergeräten bis zu vollautomatischen, CNC-gesteuerten Hochleistungsdispensersystemen vielfältige Einrichtungen zur Verfügung *(Abb. 7.11, 7.12)*. Ein Großteil der SMD-Klebepunkte wird von Bestückungssystemen aufgetragen, die ein separates Dispensermodul oder einen zum Bestückungskopf parallel arbeitenden Dispenserkopf enthalten. Während manuell nur einige Hundert Klebepunkte stündlich gesetzt werden können, erreichen Hochleistungssysteme bis zu 72 000 Klebepunkte pro Stunde.

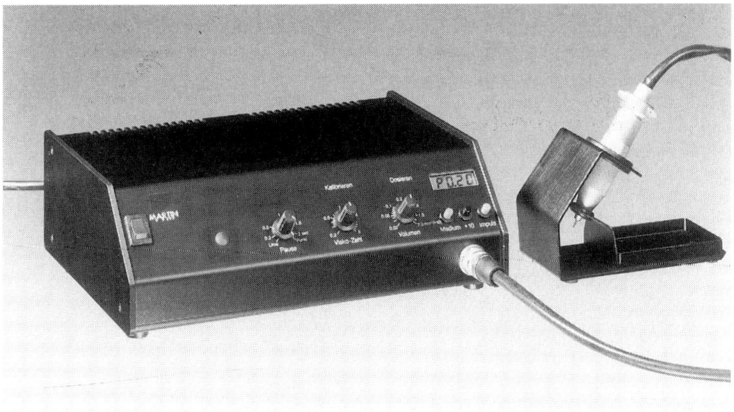

Abb. 7.11: Dispensgerät Clever Dispens PDM 03 mit quasivolumetrischer Regelung zur Kompensation von Temperatur- und Füllstandsänderungen *(MARTIN)*

Abb. 7.12: Inline-Dosierautomat für den vollautomatischen Kleber- und Lotpastenauftrag *(GLT Ges. für Löttechnik)*

Für solche Leistungen werden Spezialkleber benötigt, normale SMD-Kleber lassen sich nicht derartig schnell applizieren. Moderne Dispenser positionieren den Kleber mit einer Toleranz von ± 25 µm. Sie dosieren das programmierte Klebervolumen mittels aufwendiger Regelungen unabhängig von den Einflußfaktoren (Temperatur, Vordruck, Füllstand). Bisher war der Abstand zwischen der Leiterplattenoberfläche und dem Dosierkopf eine kritische Größe, die Einfluß auf die applizierte Klebermenge hatte. Inzwischen gibt es Dispenser, bei denen der Kleber aus einer gewissen Entfernung auf den Klebepunkt geschossen wird, so daß keine Anpassung mehr erforderlich ist. Einrichtungen zur automatischen Kontrolle des Dosierergebnisses können in Dispenserautomaten integriert werden.

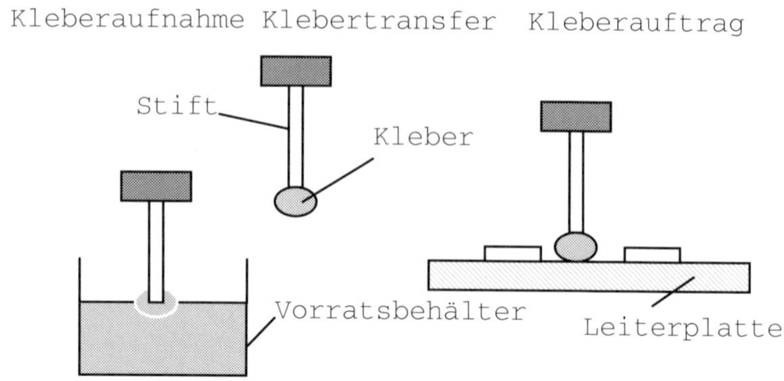

Abb. 7.13: Stifttransfer

7.6 Stifttransfer

Lotpaste und SMD-Kleber können mit geeigneten Stiftwerkzeugen aus einem Behälter auf die Leiterplatte übertragen werden. Dieser Stifttransfer *(Abb. 7.13)* wird selten praktiziert, obwohl er einige interessante Möglichkeiten bietet. Er eignet sich für eine punktspezifische Übertragung (Menge, Durchmesser) und für ein simultanes Auftragen. Mit geeigneten Werkzeugen (stifttragenden Platten) läßt sich beides kombinieren, so daß ein schneller und trotzdem angepaßter Kleberauftrag resultiert. Die verwendeten Stifttransferplatten sind leiterplattenspezifische Werkzeuge. Mit ihnen werden alle Klebepunkte einer Leiterplatte simultan bedruckt.

Eine Modifikation des Stifttransfers ist der Bauelementetransfer. Bei diesem wird der Kleber oder die Lotpaste in einer Spezialstation des Bestückungsautomaten auf das Bauelement übertragen, das dann – es wird vom Bestückungskopf plaziert – den weiteren Transfer auf die Leiterplatte übernimmt.

Stift- und Bauelementetransfer erfolgen überwiegend nicht mit Standardgeräten, sondern mit produktspezifischen Geräten, die Sonderanfertigungen sind. Die Transferverfahren werden fast ausschließlich in der Massenproduktion von Consumerelektronikprodukten eingesetzt.

8 Bestücken von SMD

8.1 Montageanforderungen

Das Bestücken von SMD ist, da, wie bereits in *Kapitel 1* erwähnt, eine Oberflächen- und keine Lochmontage erfolgt, prinzipiell einfacher als das Bestücken von Lochmontagebauelementen. Da SMD aber kleiner sind, ist eine entsprechend hohe Präzision und vorsichtige Handhabung beim Bestücken notwendig. Je mehr SMD miniaturisiert werden, desto aufwendiger wird es deshalb, sie zu bestücken. Nach dem Bestücken müssen die SMD exakt auf den Lötflächen positioniert und dürfen nicht beschädigt sein, wenn der anschließende Lötprozeß erfolgreich und die resultierende Baugruppe in Ordnung sein soll.

Üblicherweise wird gefordert, daß SMD-Anschlüsse nach dem Absetzen mit nicht mehr als einem Drittel ihrer Auflagefläche über die Lötfläche hinausragen dürfen. FPD mit einer Anschlußdrahtbreite von 0,150 mm müssen beispielsweise auf mindestens 50 µm genau relativ zu den Lötflächen plaziert werden. Dies muß in einem Vorgang erreicht werden, weil eine Korrektur nach dem Absetzen nicht mehr sinnvoll ist, da dabei die Lotpaste so verschmiert werden würde, daß Lötfehler entstünden. Beim Absetzen der SMD muß generell darauf geachtet werden, daß sie nur so weit abgesetzt werden, daß sie ausreichend haften, ohne daß die Lotpaste bzw. der SMD-Kleber verschmiert oder zu stark verquetscht wird.

Beschädigungen bzw. Belastungen, die beim Bestücken unbedingt vermieden werden müssen, sind:

- Verbiegen der SMD-Anschlüsse (erhöhtes Lötfehlerrisiko)
- Abrieb der Anschlußmetallisierung (verminderte Lötbarkeit)
- Verschmieren der Anschlußmetallisierung auf SMD-Körper (SMD-Kurzschlußrisiko)
- Rißbildung im SMD-Körper durch Druck und/oder Stoß (SMD-Ausfallrisiko)

Diese Forderungen schränken die maximale Bestückungsgeschwindigkeit eines SMD ein. Die mechanischen Belastungen bei der Aufnahme, beim Transport und beim Absetzen sind beschränkt, ebenso die Krafteinwirkungen auf die Leiterplatte (Beschleunigungskräfte) nach dem Absetzen.

Bestückt werden können SMD sowohl manuell als auch maschinell. Die obengenannten Forderungen lassen sich, da entsprechende Geräte und Werkzeuge angeboten werden, in beiden Fällen einhalten.

8.2 Bestückungsmethoden

8.2.1 Handbestücken

Handbestückt werden SMD in der Prototyp- und Kleinserienfertigung sowie beim Nachbestücken und beim Reparieren einzelner Bauelemente. Spezielle SMD-Pinzetten oder Vakuumpipetten dienen dabei als Werkzeuge *(Abb. 8.1)*. Bestückungstische mit Lichtzeigerführung oder SMD-Bestückungsplätze mit einfachen Manipulatoren werden bei der Handbestückung eingesetzt. Damit können Bestückungsraten von einigen Hundert SMD pro Stunde erzielt werden. Mit aufwendigeren handbedienten Präzisionsgeräten, die über eine Positionierungsoptik verfügen, können auch FPD sicher handbestückt werden. Spezielle handbediente Geräte mit einer Positioniergenauigkeit von ± 5 µm werden angeboten *(Abb. 8.2)*.

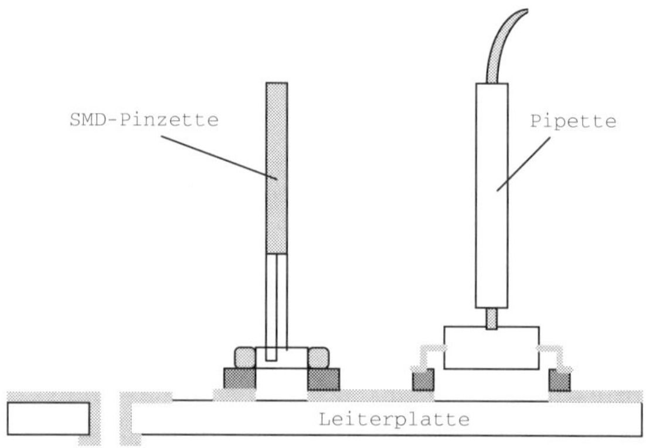

Abb. 8.1: Handbestücken

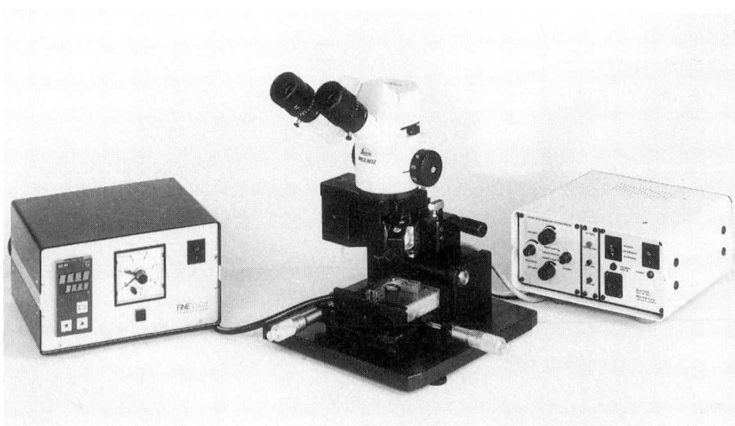

Abb. 8.2: SMD-Präzisionsbestückungsgerät FINEPLACER *(FINETECH)*

Bei größeren Serienstückzahlen, bei einer großen SMD-Vielfalt und großformatigen Leiterplatten mit einer hohen SMD-Anzahl wird das Handbestücken allerdings bald zu aufwendig und fehlerträchtig.

8.2.2 Maschinenbestücken

Maschinell bestückt werden SMD vor allem aus Kostengründen. Bestückungsmaschinen stehen heute für alle Einsatzfälle zur Verfügung. Das Angebot reicht von einfachen Pick and Place-Systemen mit einer Bestückungsrate von wenigen Tausend SMD pro Stunde bis zu Hochleistungssystemen mit Bestückungsraten von bis zu 60 000 SMD pro Stunde und Bestückungskopf sowie Simultanbestückungssystemen, mit denen über 100 000 SMD stündlich bestückt werden können.

Pick and Place-Systeme arbeiten sequentiell. Sie funktionieren nach dem Pick and Place-Prinzip (Abb. 8.3). Ein SMD wird vom Bestückungskopf aus der Zuführeinrichtung entnommen (gepickt), von dort zur vorgesehenen Leiterplattenposition transportiert und abgesetzt (plaziert). Dann erfolgt derselbe Vorgang für das nächste SMD. Dies wiederholt sich so lange, bis die Leiterplatte komplett bestückt ist.

Pick and Place-Systeme sind aufgrund dieses Prinzips sehr flexibel und universell einsetzbar. Sie eignen sich für alle SMD-Typen inklusiv FPD und TAB-Bauelementen. Das Verarbeiten einer großen SMD-Vielfalt ist, sofern genügend Zuführstationen untergebracht werden können, ohne Umrüsten und mit SMD-typspezifischen Parametern möglich. Hohe Präzision und hohe Leistung sind bei Pick and Place-Systemen keine sich widerstrebenden Forderungen. Sie sind zusammen erreichbar *(Abb. 8.4).*

Pick and Place-Systeme unterscheiden sich in ihrem konstruktiven Aufbau. Folgende Konstruktionen, die spezifische Vor- und Nachteile haben, sind auf dem Markt:

- Systeme, bei denen Leiterplatte, SMD-Zuführstationen und Bestückungskopf (in 1 Achse) bewegt werden

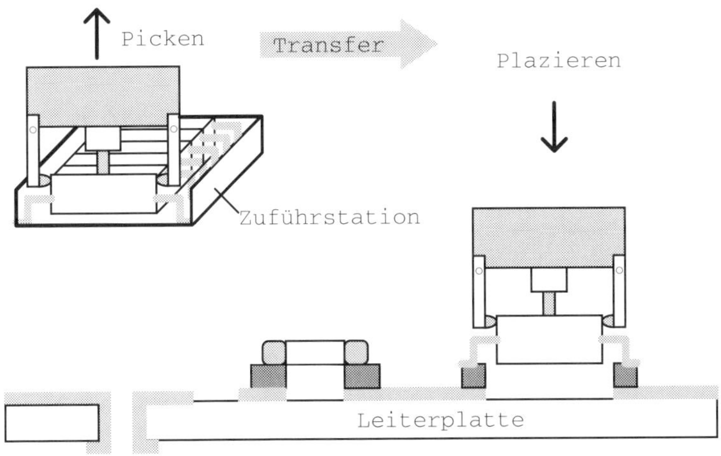

Abb. 8.3: Bestücken (Pick and Place-Prinzip)

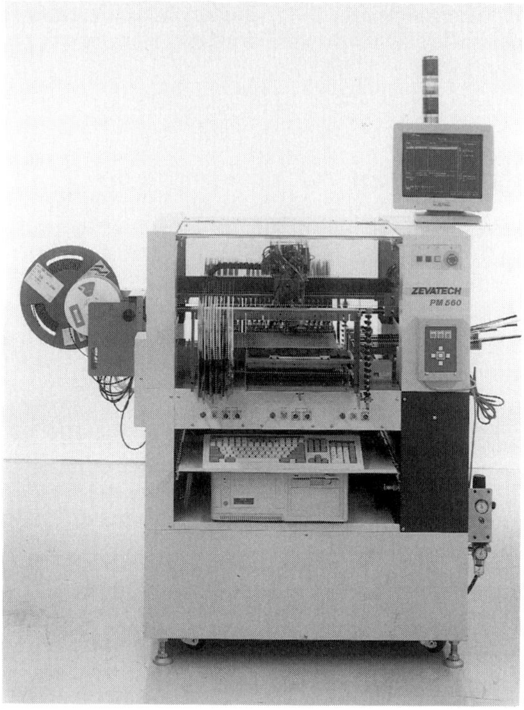

Abb. 8.4: SMD-Kompaktbestücker PLACE-MAT 560 *(ZEVATECH)*

- Systeme, bei denen Leiterplatte und Bestückungskopf (in 1 Achse) bewegt werden und die Zuführstationen feststehen
- Systeme, bei denen Leiterplatte und SMD-Zuführstationen feststehen und nur der Bestückungskopf (in 2 Achsen) bewegt wird

Bei schnellen Bewegungen (großen Beschleunigungen) der Leiterplatten können SMD aus ihrer Bestückposition verrutschen. Dies begrenzt die sinnvolle Bestückungsgeschwindigkeit bei Systemen mit bewegten Leiterplatten. Bewegte Leiterplatten erlauben ein Aufteilen des Transfer- und Positioniervorganges, so daß der Bestückungskopf nur in einer Achse senkrecht zur Leiterplatte bewegt werden muß.

Bewegte Zuführstationen sind günstig, wenn die SMD-Vielfalt und damit die Anzahl der Zuführstationen groß ist. Sie können während des Betriebes nicht nachgeladen bzw. ausgetauscht werden, so daß gegebenenfalls eine Unterbrechung der Bestückung notwendig wird.

Wenn nur der Bestückungskopf bewegt wird, entfallen die Probleme mit bewegten Leiterplatten und Zuführstationen. Der Bestückungskopf muß dann allerdings in 2 Achsen bewegt werden und relativ lange Wege (insbesondere bei vielen SMD-Zuführstationen) zurücklegen. Systeme mit mehreren Bestückungsköpfen, die jeweils einen Teilbereich an SMD bestücken, haben dieses Problem nicht. Außerdem ist die Bestückungsleistung entsprechend größer *(Abb. 8.5)*.

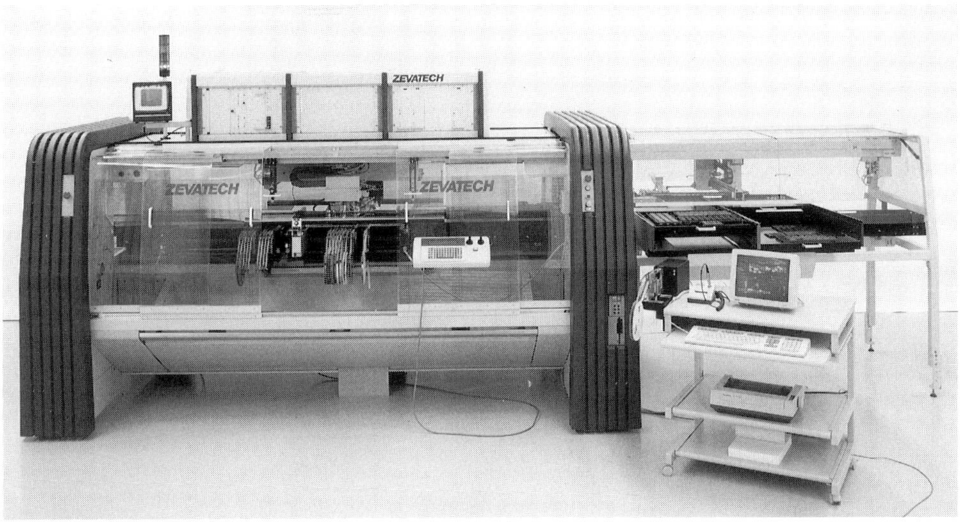

Abb. 8.5: Pick and Place-System PPM9 für die Losgröße 1-Fertigung in der SMT *(ZEVATECH)*

Noch höhere Leistungen erreicht man mit Chip Shootern. Diese funktionieren nach einem etwas abgewandelten Pick and Place-Prinzip. Am Bestückungskopf befindet sich bei ihnen ein Karussell oder Revolver mit in der Regel mehr als 10 Bestückungswerkzeugen.

Bei Karussellsystemen ist dieses waagrecht angebracht. Die SMD werden mit dem sich drehenden Karussell gleichzeitig entnommen, transportiert und plaziert. Jeweils wird ein SMD von einem Werkzeug entnommen, während mehrere SMD von mehreren Werkzeugen transportiert werden und ein anderes SMD plaziert wird *(Abb. 8.6)*. Aus diesem Parallelverfahren resultiert die höhere Bestückungsleistung. Auch bei diesem Gerätetyp ist die Anwendung individueller Werkzeuge und Parameter möglich.

Revolversysteme arbeiten nach dem Collect and Place-Prinzip. Mit den am senkrecht stehenden Revolver angebrachten Werkzeugen werden zunächst, bis alle Werkzeuge ein Bauelement tragen, SMD aus den Zuführeinrichtungen entnommen. Dann verfährt der Bestückungskopf zur Leiterplatte. Nun werden die SMD nacheinander auf ihre jeweilige Position abgesetzt. Durch dieses Verfahren wird viel Transport- bzw. Verfahrweg eingespart. Die Anwendung individueller Werkzeuge und Parameter ist ebenfalls möglich.

Zwischen 10 000 und 20 000 SMD können mit einem Chip Shooter pro Bestückungskopf bestückt werden.

Eine Leistung von einigen Zehntausend bis über Hunderttausend SMD pro Stunde erzielen Massenbestücker. Bei diesen werden die SMD simultan bestückt. Es gibt Systeme mit sequentieller SMD-Entnahme und simultaner Plazierung, Systeme mit simultaner Entnahme und sequentieller Plazierung und Systeme, bei denen simultan entnommen, transportiert und plaziert wird. Letztere weisen die höchsten Bestückungsraten auf. Die Bestückungswerkzeuge und die SMD-Entnahmestation sind bei ihnen leiterplattenspezifisch konstruiert (plattenförmig). Bei Simultanbestückungen ist das Umrüsten auf andere Leiterplatten- und SMD-Typen aufwendig. Deshalb werden sie

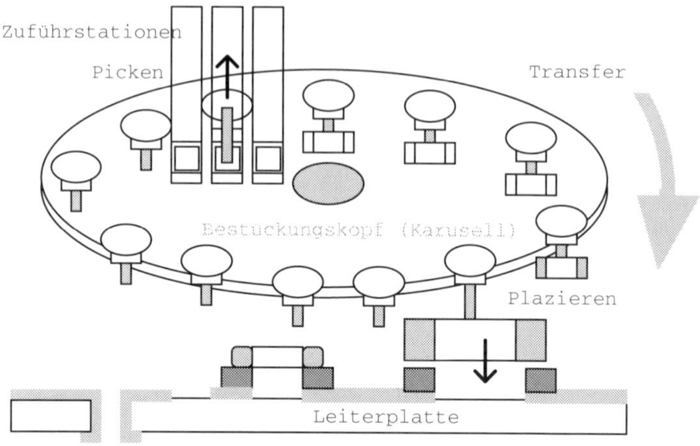

Abb. 8.6: Bestücken mit Chip Shooter

Abb. 8.7: Simultanbestückungssystem MCM 8
(Philips Electronics Manufactoring Technology)

ausschließlich in der Massenproduktion von Consumerelektronikprodukten eingesetzt. Sequentiell-Simultan-Bestücker sind bei kleinerer Leistung deutlich flexibler.

SMD werden bei allen Bestückungsmaschinen über Zuführstationen zugeführt. SMD-Zuführstationen gibt es für SMD in unterschiedlichen Filmen (Gurtbreiten), in Linear-, in Stapel- und in Flächenmagazinen sowie für lose SMD (Schüttgut und im Bulk Case). Die einzelnen SMD werden von den Zuführstationen automatisch zu der Entnahmeposition gefördert und von dort vom Bestückungswerkzeug abgeholt.

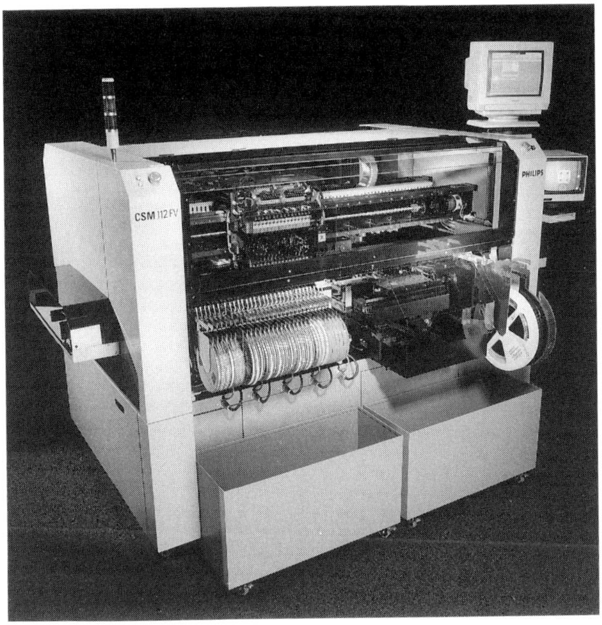

Abb. 8.8: Hochleistungsbestückungssystem CSM 112 FV mit "Vision on the Fly"-System *(Philips Electronics Manufactoring Technology)*

Die einzelnen SMD müssen in der Regel, insbesondere beim FPD-Bestücken, zentriert werden, bevor sie auf die Lötflächen der Leiterplatte abgesetzt werden. Eine SMD-Zentrierung ist notwendig, weil die Position bei der Entnahme aus der Zuführstation nicht ausreichend genau definiert ist. Beispielsweise liegen SMD in den Filmen in relativ großen Nestern.

Die Bauteile können mechanisch oder optisch zentriert werden. Mechanisch zentriert wird überwiegend mit am Bestückungskopf angebrachten Zentrierzangen, teilweise auch in separaten Zentrierstationen, was infolge des zusätzlichen Transferweges zeitaufwendiger ist. Die optische Zentrierung besteht im Feststellen der aktuellen SMD-Position mit einem Visionsystem und einer entsprechenden Korrektur der Bestückungskoordinaten. Sie kann ebenfalls am Bestückungskopf während des Transfers zur Bestückungsposition *(„on the fly“)* oder in einer separaten Station durchgeführt werden. Das optische Zentrieren ist präziser und ohne das Risiko einer mechanischen SMD-Schädigung durchführbar. Während in der Anfangsphase der SMT überwiegend mechanisch zentriert wurde, ist heute das optische Zentrieren üblich (*Abb. 8.8*).

8.3 Bestückungssysteme in der Produktion

In der Produktion werden oft mehrere Bestückungssysteme im Verbund betrieben. Verbund bedeutet in der SMT – vor allem bei kleineren Unternehmen – nicht immer Maschinenverkettung (Linie). Oft werden die mit einem ersten System teilweise bestückten Leiterplatten von Hand einem zweiten System zur Restbestückung zugeführt.

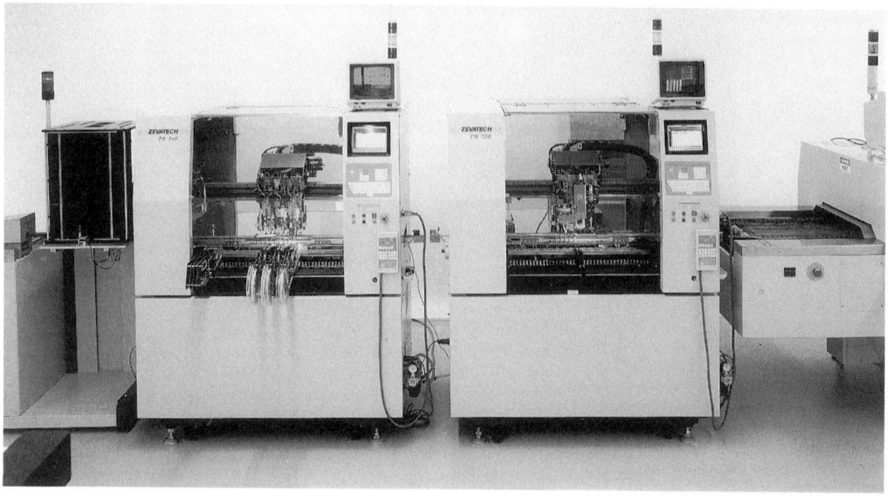

Abb.8.9: SMD-Hochleistungsbestückungslinie FlexLine bestehend aus FlexShooter FS-710 und FlexMounter FM-720 *(ZEVATECH)*

Viele unterschiedliche Maschinenkombinationen kommen beim Bestücken im Verbund vor. Beispielsweise wird häufig ein Hochpräzisions-Pick and Place-System mit einem Chip Shooter kombiniert. Mit letzterem werden die häufig vorkommenden Massen-SMD, die „Chips", mit ersterem die weniger häufigen großformatigen SMD, FPD usw. bestückt. Eine derartige Kombination ist erst ab einem gewissen SMD-Durchsatz wirtschaftlich. Manchmal ist es sinnvoller, mehrere weniger leistungsfähige Pick and Place-Systeme miteinander zu verketten. Auf diese Weise können sehr viele Zuführeinrichtungen bzw. SMD-Typen untergebracht werden, so daß weniger häufig oder gar nicht umgerüstet werden muß. Bei kleineren Stückzahlen werden sehr anspruchsvolle SMD teilweise nachträglich von Hand (mit entsprechenden Geräten) bestückt, weil sich aufwendige Bestückungssysteme nicht rentieren *(Abb. 8.9).*

Da Lotpastendruck und Kleberauftrag unmittelbar vor dem Bestücken und das Löten unmittelbar danach erfolgen, sind die Einrichtungen für diese Prozesse bei größerem Durchsatz mit dem Bestückungssystem verkettet.

Abgesehen von Einstiegs- und Spezialautomaten weisen SMD-Bestückungssysteme heute folgende Eigenschaften auf:

- für alle SMD-Typen von 0402 bis QFP > 200 Anschlüsse geeignet
- alle Zuführungsstationsarten (Film, Linear-, Flächen-, Stapelmagazin, Schüttgut (offen und im Bulk Case))
- über 200 8 mm-Gurtstationen
- Wechselbanksystem für die Zuführstationen zum schnellen Umrüsten
- große Leiterplattenformate, großer Bestückungsbereich
- optische Leiterplattenlagekorrektureinrichtung
- SMD-Lagekorrektur während des Transports („Centering on the fly")
- mehrere Bestückungswerkzeuge

- Bestückungsparameter einstellbar oder automatische Anpassung
- automatisches Wiederholen bei Fehlbestückung (fehlendes SMD)
- Programmieren per CAD-Datenübernahme und per Einlernen
- Bedienerführung via Monitoranzeige
- Verkettungsmöglichkeit (Leiterplattentransportsystem, Standard-PC- oder -Workstationsystem)
- optioneller Dispenser

Die Grenzen der heutigen Systeme liegen bei:

- Leiterplattenformaten und Bestückungsbereichen von etwa 50 x 50 mm^2 bis über 650 x 500 mm^2
- über 400 Zuführstationen
- SMD von 0402 (0,5 x 1,0 mm^2) bis zu 76 mm Kantenlänge
- TAB-Bestückung mit Anschlußrastermaß von 0,1 mm
- Bestückungsgenauigkeit: 12,5 µm (3 σ-Wert)

Optionell und teilweise bereits Standard sind ferner:

- automatisches Be- und Entladesystem
- Erkennung fehlerhafter Leiterplatten im Nutzen
- automatische Identifizierung der Zuführstationen oder Barcodeerkennung mit wahlfreier Montage
- Koplanaritätstest bei FPD und TAB-Bauelementen
- automatische Erkennung des ersten IC-Anschlusses
- elektrische Identitätsprüfung (RCDL-Verifier)
- geschwindigkeitsreduziertes Absetzen bei FPD usw.
- automatisches Nachbestücken nach dem Nachladen einer zuvor leeren Zuführstation
- TAB-Zuführstation zum Ausschneiden aus dem Film und Formen der Anschlüsse
- automatische Flächenmagazinwechselstation
- integrierte Heißgas- oder Stempellötstation
- Managementinformationssystem (Betriebsdatenerfassung und -vorverarbeitung)
- SMEMA-gemäße Schnittstellen

Alle Arten von Bestückungssystemen werden laufend weiterentwickelt, so daß zukünftig mit weiteren Verbesserungen der Eigenschaften und neuen Fähigkeiten zu rechnen ist.

In USA erfolgt beispielsweise ein schneller Übergang zu einer *SMEMA*-gemäßen Gestaltung der Schnittstellen aller SMT-Fertigungseinrichtungen. Damit werden sich zukünftig SMD-Bestückungssysteme und andere SMT-Fertigungseinrichtungen verschiedener Hersteller leicht zu einem SMT-Produktionssystem verketten lassen.

9 Löten von SMT-Baugruppen

9.1 Grundlagen des Weichlötens

Das Weichlöten ist die wichtigste Fügetechnik in der Elektronik. Dies gilt auch für SMT-Baugruppen. Bei miniaturisierten Bauformen sind die guten elektrischen und thermischen Eigenschaften – aufgrund des nahtlosen metallischen Überganges sind Weichlötverbindungen gut leitend – und die gute Eignung des Weichlötens für ein simultanes Fügen vieler Teile von großem Vorteil. Nach *DIN* gelten Weichlötverbindungen nicht als kraftschlüssige Verbindungen, d. h. als nicht geeignet, mechanische Belastungen aufzunehmen. Trotzdem ist es möglich, SMD nur mittels Lötverbindungen sicher und zuverlässig auf Leiterplatten zu befestigen.

Unter Weichlöten versteht man das Löten mit Loten, deren Schmelzpunkt unter 450 °C liegt. Beim Löten reagiert Lot chemisch mit den Metalloberflächen der Fügeteile und bildet eine feste metallische Verbindung zwischen ihnen. Damit die Reaktion erfolgt, muß das Lot aufgeschmolzen werden. Eine Energiezufuhr in Form von Wärme wird deshalb zum Löten benötigt. Lote, die einen niedrigeren Schmelzpunkt als die Fügeteile haben, sind Legierungen aus zwei oder mehreren Metallen. Bei der Produktion von Elektronikbaugruppen werden vor allem die Lote L-Sn63Pb mit 63 % Zinnanteil und L-Sn60Pb mit 60 % Zinnanteil verwendet. Der Rest besteht jeweils aus Blei. Völlig aufgeschmolzen ist das eutektische Lot L-Sn63Pb bei 183 °C und das Lot L-Sn60Pb bei 190 °C. Das Aufschmelzen beginnt bei allen Zinn/Blei-Loten bei 183 °C *(Abb. 9.1)*.

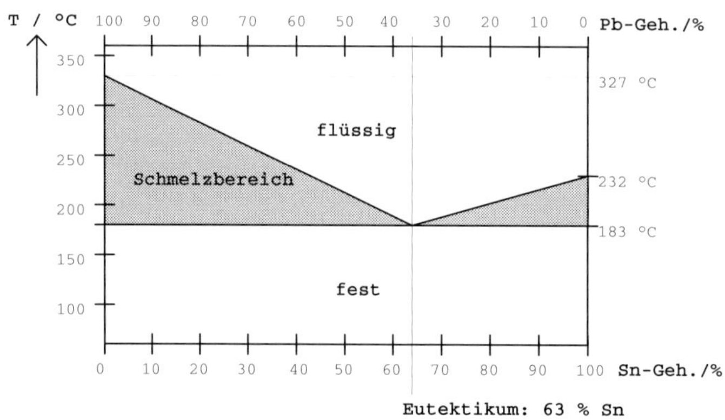

Abb. 9.1 Phasendiagramm von Zinn/Blei-Loten

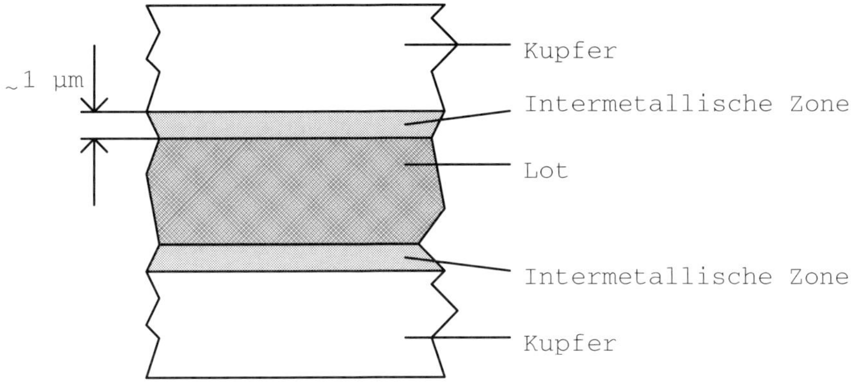

Abb. 9.2: Aufbau einer Lötstelle

Lötverbindungen sind nicht homogen aufgebaut. Zwischen dem Lot und den Fügeteilmetallen bilden sich bei der chemischen Reaktion dünne Intermetallische Zonen (Abk.: IZ) aus Kupfer/Zinn-Verbindungen *(Abb. 9.2)*. Diese werden auch als Diffusionszonen bezeichnet, weil das Zinn in das Kupfer hineindiffundiert. Dabei entstehen die harten und spröden Verbindungen Cu_3Sn und Cu_6Sn_5, die die Qualität der Lötverbindung beeinträchtigen.

Die Dicke der intermetallischen Zonen, ihre Zusammensetzung und das Gefüge des Lotes einer Lötstelle hängen von der Lötzeit und der Löttemperatur und anderen thermischen Belastungen ab. Die IZ wachsen bei höheren Temperaturen schnell. Lange Lötzeiten ergeben dicke IZ und ein grobkörniges Lotgefüge. Ein kurzzeitigeres Löten ergibt dünnere IZ und eine feinkörnige Gefügestruktur. Diese bzw. derart aufgebaute Lötstellen sind mechanisch belastbarer und damit zuverlässiger. Lötstellen sollen deshalb in möglichst kurzer Zeit erzeugt und anschließend höheren Temperaturen möglichst nicht mehr ausgesetzt werden. Jedes Reparaturlöten verschlechtert deshalb die Lötstellenqualität (Lebensdauer, Zuverlässigkeit). In der SMT, wo das Lot die einzige mechanische Verbindung zwischen SMD und Leiterplatte ist, ist es deshalb außerordentlich wichtig, günstige Lötparameter einzuhalten und ein Nullfehlerlöten anzustreben.

An die Oberflächenqualität der Fügeteile werden beim Löten hohe Anforderungen gestellt, da ein Löten nur auf reinen Oberflächen bestimmter Metalle möglich ist. Leicht lötbar sind:

- Gold
- Zinn und belotete Oberflächen
- Kupfer
- Silber und Silber/Palladium-Oberflächen
- Messing
- Nickel

Da die Oberflächen schon nach kürzester Zeit oxidieren oder mit anderen nichtmetallischen Schichten verschmutzt sind, müssen diese beim Löten mit einem Flußmittel entfernt werden. Die Flußmittel müssen die Oberflächen nicht nur reinigen, sie müssen diese auch während dem Löten vor einer erneuten Oxidation schützen. Flußmittel bestehen aus in Lösungsmitteln oder Wasser gelösten Säuren. In der Elektronik sind Flußmittel auf Kolophoniumbasis gebräuchlich. Sie werden überwiegend mit organischen Säuren aktiviert, deren Rückstände nicht korrosiv wirken. In der SMT werden seit mehreren Jahren Flußmittel bevorzugt, die nach dem Löten keine (störenden) Rückstände mehr hinterlassen, so daß eine Reinigung nicht erforderlich ist.

Zum Löten wird also Lot, Flußmittel und Wärme benötigt. Lot und Flußmittel können vor oder, wie die Wärme, während des Lötprozesses zugeführt werden.

9.2 Qualitätskriterien

Da auf den Lötprozeß viele Faktoren einwirken – außer den beeinflußbaren Lötparametern spielen die Eigenschaften der Fügepartner eine wichtige Rolle –, können viele Lötfehler(typen) auftreten. Unter anderem unterscheidet man:

- Lotbrücken
- Lotzapfen
- Lotperlen, -spritzer und andere Lotrückstände
- Blasenbildungen
- Nichtbenetzungen (z. B. wegen Kleber-, Lötstoppmasken- und anderen Rückständen)
- Grabsteineffekt und andere Bauteilpositionsveränderungen

An das Lötergebnis werden generell folgende Forderungen gestellt:

- keine Lötfehler
- vollständige Benetzung mit einem flachen Auslauf (< 90 °)
- Lötstellen mit glatten, glänzenden und sauberen Oberflächen (bei Reflowlöten sind matte Oberflächen erlaubt)
- korrekte Lotmenge und Lotspaltweite
- korrekte Position der Fügeteile (SMD auf Lötflächen)

Einige der obengenannten Lötfehler werden, wenn sie nur in begrenztem Umfang auftreten, in der Regel toleriert. Detailliertere Forderungen finden sich in den Werknormen und Spezifikationen vieler Gerätehersteller und -anwender. International sind folgende Normen wichtig:

- *ANSI/IPC*-S-815 B: General Requirements for Soldering Electronic Interconnections (1987)
- *ANSI*-J-STD 001: Requirements for Soldered Electrical and Electronic Assemblies (1992)
- *ESA*-PSS-01-738: High-reliability soldering for surface mount and mixed technology printed-circuit-boards (1991)
- *MIL*-STD-2000 A: Standard Requirements for Soldered Electrical and Electronic Assemblies (1991)

Der Deutsche Verband für Schweißtechnik hat die wichtigsten Anforderungen dieser und weiterer Normen in Form des Fachbuches „Visuelle Beurteilung von Weichlötstellen – SMD auf Leiterplatten; Kriterien im synoptischen Vergleich“ herausgegeben.

9.3 Lötverfahren

Das Löten von SMD auf Leiterplatten stellt höhere Anforderungen als das Löten von Lochmontagebauteilen. Dies hat mehrere Ursachen: SMD sind nicht nur kleiner und haben kleinere oder keine Drahtanschlüsse, sie werden auch auf derselben Seite montiert, auf der gelötet wird. Trotz dieser Erschwernisse lassen sich SMD mit einer größeren Anzahl Verfahren löten als Lochmontagebauteile, weil sie den Lötbedingungen besser standhalten als diese.

Folgende Lötverfahren kommem zum Einsatz:

Massenlötverfahren:

- Wellenlöten
- Infrarotlöten
- Konvektionslöten
- Kondensationslöten (Dampfphasenlöten)
- Konduktionslöten

Einzellötverfahren:

- Laserlöten
- Stempellöten (Bügellöten)
- Kolbenlöten
- Heißgaslöten (Heißluftlöten)

Bei den Massenlötverfahren werden alle Lötstellen der gesamten Leiterplatte(nseite) simultan hergestellt, bei den Einzellötverfahren werden alle Lötstellen oder die Lötstellen verschiedener SMD jeweils sequentiell hergestellt, was das Einstellen individueller Lötparameter ermöglicht. Teilweise wird unter Schutzgas (kontrollierte Atmosphäre) gelötet, um weniger Flußmittelrückstände und Lötfehler zu erhalten.

9.3.1 Wellenlöten

Der Wellenlötprozeß umfaßt 3 Schritte:

- Flußmittel auftragen
- Vorwärmen
- Löten

Dementsprechend gehören zu Wellenlötanlagen eine Flußmittelauftragsstation (Schaum- oder Sprühfluxer), eine Vorwärmzone (Strahlungsheizung von unten oder unten und oben) und ein Lottiegel sowie ein Leiterplattentransportsystem *(Abb. 9.3)*. Beim Durchgang durch die Vorwärmzone wird das Lösemittel aus dem zuvor aufgetragenen Flußmittel verdampft und dieses aktiviert. Die Leiterplatte wird innerhalb von etwa 30 bis 60 s an der Unterseite auf 100 bis 130 °C erwärmt, so daß sie und die SMD dieselbe Temperatur aufweisen und der Temperatursprung bis zur Lötwellentemperatur von etwa 250 °C nicht zu groß ist. Die Lötwelle wird mit einer Düse erzeugt, durch die das flüssige Lot gepumpt wird. Ihre Strömung hat in der SMT einen wesentlichen Einfluß auf das Lötergebnis. Die Strömung des Lotes wird über die Lotpumpe und Leitbleche am Düsenaustritt gesteuert.

Die Lotwelle überträgt Lot und Wärme gleichzeitig auf die Leiterplatte. Sie stellt praktisch ein unbegrenztes Reservoir dar (es wird immer frisches Lot gleicher Temperatur nachgepumpt). Die Wärmeübertragung erfolgt sehr schnell per Konduktion im Kontaktbereich und durch die Konvektion des zirkulierenden Lotes, so daß eine

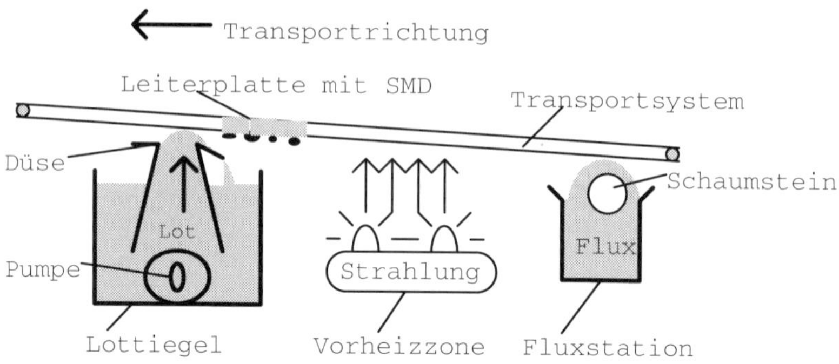

Abb. 9.3: Wellenlötanlage (Prinzip)

Abb. 9.4: Mikroprozessorgesteuertes Wellenlötsystem
ERSA EWS-LB 330 für die Großserienfertigung *(ERSA)*

Lotkontaktzeit von wenigen Sekunden ausreicht. Je nach SMA-Typ und Lötanlage liegen die Transportgeschwindigkeiten zwischen etwa 0,3 und 3 m/min. Die Transportgeschwindigkeit und die Temperaturen der Vorheizelemente sind die wichtigsten leiterplattenspezifischen Lötparameter.

Wellenlötanlagen eignen sich vor allem für die sogenannten Chip-Bauelemente. Für hohe Bauformen und IC mit vielen Anschlüssen in kleinem Rastermaß sind sie weniger gut geeignet. (Hohe) SMD erzeugen in der Welle einen Lotschatten (eine Zone ohne Benetzung) und eine Kapillardepression. Bei den genannten IC treten viele Lotbrücken auf.

Diese Effekte können mit speziellen SMD-Lötwellen verhindert oder reduziert werden. Durch entsprechende Düsengestaltung wird die vertikale Lotströmung verstärkt (turbulente Wellen) ohne die laminare Strömung im Abreißbereich zu stören (teilweise auch in Form von zwei voneinander getrennten Düsen bzw. Wellen (Doppelwellen) oder

Abb. 9.5: Schutzgaswellenlötsystem PT 500 N *(Electrovat Fertigungstechnik)*

Lottiegeln realisiert). Mit anderen Düsen(teilen) oder durch eine schräge Stellung zur Transportrichtung kann das Abreißen der Lotwelle von der Baugruppe beim Ausfahren verbessert werden, so daß weniger Lot auf den Lotstellen verbleibt.

Noch größer als die Vielfalt der SMT-Lötwellen ist das Lötanlagenangebot für das Wellenlöten *(Abb. 9.4)*. Es erstreckt sich von einfachen Tischgeräten bis zu computergesteuerten Hochleistungssystemen, bei denen die per (Balken)Kodierung eingestellten Parameter laufend überprüft und nachgeregelt sowie protokolliert werden. Diese Systeme werden mit mehreren Flußmittelstationen und Lötwellen ausgerüstet. Die Anlagendurchlauflänge liegt zwischen 2 und 8 m. Für Leiterplatten bis zu einer Breite von 60 cm gibt es Standardwellenlötanlagen.

Zum Wellenlöten von SMD unter Schutzgas gibt es inzwischen ebenfalls ein größeres Anlagenangebot *(Abb. 9.5)*. Voll gekapselte Anlagen sind teuer und benötigen eine gewisse Anlaufzeit, bis der spezifizierte Restsauerstoffgehalt (< 10 bis 100 ppm) erreicht wird. Sie verhindern eine Oxidation der zu lötenden Oberflächen schon während der Vorheizphase. Ein flußmittelfreier Betrieb mit einem Prozeßgas (unter anderem wird Ameisensäure verwendet) oder einer Plasmareinigung ist bei bestimmten Anlagen möglich. Ein Problem bei voll gekapselten Systemen ist die größere Temperaturbelastung aufgrund des Wärmestaus. Deshalb werden sie zum Teil mit speziellen Kühlvorrichtungen ausgerüstet.

Einfachere Systeme, bei denen nur in der Lötzone eine Schutzgasatmosphäre herrscht, benötigen meistens weniger Stickstoff, sind schneller betriebsbereit und haben keinen Wärmestau. Derartige Schutzgaslötstationen lassen sich in vielen konventionellen Lötanlagen nachrüsten.

Die Krätzebildung ist bei allen Schutgaslötanlagen deutlich geringer. Das dadurch eingesparte Lot deckt häufig die Kosten für den Stickstoffverbrauch ab.

Da die Oberflächenspannung des Lotes im Schutzgas verändert ist, wird die Lötfehlerrate und das Lötfehlerspektrum beeinflußt. Schutzgaslöten soll sich nach den Aussagen der Hersteller und der Pilotanwender insgesamt auf die Lötfehlerhäufigkeit sehr günstig auswirken. Dies gilt, obwohl bei diesem Verfahren vermehrt Lotperlen auftreten.

9.3.2 Infrarot- und Konvektionslöten

Infrarot- und Konvektionslöten sind Reflowlötmethoden. Der Begriff Reflowlöten hat sich in der SMT für das Aufschmelzlöten eingebürgert. Unter der Einwirkung von IR-Strahlung und Konvektion wird das zuvor (meist in Form von Lotpaste) aufgebrachte Lot aufgeschmolzen. Zum Löten muß deshalb nur Wärme zugeführt werden. Wie beim Wellenlöten ist eine Vorwärmung erforderlich. Diese ist in die Anlagen integriert, die sich aus mehreren aneinander anschließenden Heizzonen zusammensetzen. Die letzte Zone in Transportrichtung ist die Lötzone. Dort erreicht die Temperatur ihr Maximum von etwa 240 °C auf der Leiterplatte. Die Vorheizzone – in der Regel sind die einzelnen Vorheizzonenbereiche getrennt regelbar – ist so ausgelegt, daß an ihrem Ende Temperaturen von etwa 150 °C auf der gesamten Leiterplatte (einschließlich SMD) erreicht werden.

Die Anlagen eignen sich auch zum Aushärten von SMD-Kleber, allerdings wird dazu ein anderes Temperaturprofil eingestellt.

Der gesamte Reflowlötprozeß (Durchlauf durch die gesamte Anlage) dauert einige Minuten. Das eigentliche Löten erfolgt in knapp 30 Sekunden. Da während einer längeren Zeit beidseitig erwärmt wird, ist die thermische Belastung der Fügepartner und des Lotes beim Reflowlöten größer als beim Wellenlöten. Die Lötstellen sind deshalb grobkörniger und ihre Oberfläche ist matter. Ein weiterer wesentlicher Unterschied ist, daß mit einer begrenzten Lotmenge – nur das zuvor aufgebrachte Lot steht zur Verfügung – gelötet wird. Wenn Material aus den Oberflächen der Fügeteile ablegiert, wird sich dieses vollständig in der Lötstelle ansammeln. Da die Lötstellenfestigkeit dadurch herabgesetzt werden kann, ist es empfehlenswert, bei einigen gebräuchlichen Metallisierungen (wie z. B. Gold) Maßnahmen gegen ein Ablegieren zu treffen. So ist es günstig, Lotpasten mit einem geringen Silberanteil zu verwenden.

Je nachdem auf welche Weise der Hauptanteil der Wärme auf das Lötgut übertragen wird, bezeichnet man Reflowlötanlagen als IR- oder Konvektionslötanlagen.

IR-Lötanlagen sind meistens mit IR-Lampen („punktförmige" Strahlungsquellen) ausgestattet, deren Leistung durch Änderungen des Stromflusses sehr schnell regelbar ist. Auch die Wärmeübertragung erfolgt sehr schnell. Diesen Vorteilen stehen eine Reihe von Nachteilen gegenüber. Da die IR-Strahlung gerichtet ist, ergeben sich Abschattungseffekte, was bei SMD mit (teilweise) verdeckten Anschlüssen (z. B. PLCC) Probleme bereitet. Die IR-Strahlertemperatur ist sehr hoch (bis > 1000 °C), sie liegt weit über der Löttemperatur. Das Überhitzungsrisiko ist deshalb groß. Die IR-Strahlung liegt in einem Wellenlängenbereich (nahes IR), in dem die Erwärmung von der Farbe und Oberflächenstruktur des Lötgutes abhängig ist. Schwarze Kunststoffmaterialien (IC-Gehäuse) heizen sich schneller und zu höheren Temperaturen auf als reflektierende Oberflächen (belotete SMD-Anschlüsse, Lötflächen, Lotpulver). Daraus resultieren zwangsläufig große Temperaturunterschiede zwischen den Komponenten auf einer Baugruppe. Eine leiterplattenspezifische Einstellung der Anlagenparameter (Transportgeschwindigkeit, Strahlertemperaturen) ist erforderlich. Seit ein paar Jahren sinkt der Marktanteil der IR-Lötanlagen wegen der geschilderten Probleme stetig.

Konvektionslötanlagen sind mit großflächigen Strahlungsheizungen (Heizkörper mit Betriebstemperaturen im Bereich unter 500 °C), deren Strahlung im langwelligen IR-Bereich liegt, und Vorrichtungen, die eine Zwangskonvektion bewirken, ausgestattet. Sie weisen in den einzelnen Heizzonen große thermische Massen auf *(Abb. 9.6)*. Das macht sie träge aber auch unempfindlich gegenüber wechselnder Beladung. Die Energie wird zu über 70 % per Konvektion übertragen. Die Konvektionslötanlagen arbeiten im Umluftbetrieb. Das Gas (Luft oder Stickstoff) wird durch Öffnungen in den Heizkörperflächen bzw. der thermischen Speichermasse in den Leiterplattentransportbereich gedrückt. Dabei erwärmt es sich. Es wird anschließend wieder aus den einzel-

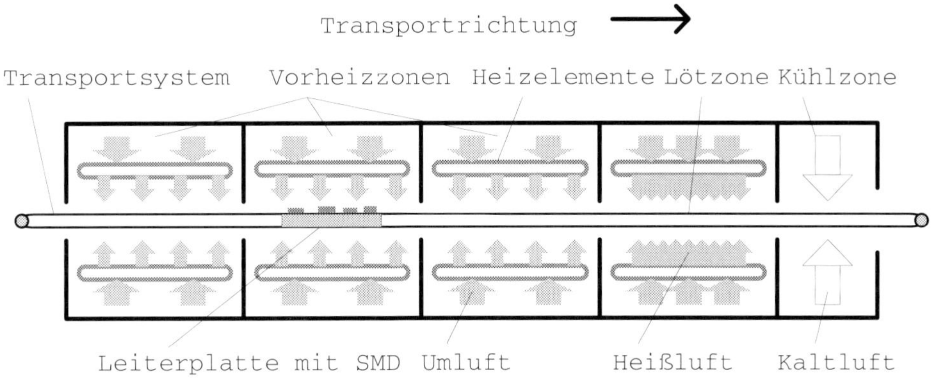

Abb. 9.6: Konvektionslötanlage (Prinzip)

nen Heizzonen zurückgeführt. Die Zwangskonvektion wird von Ventilatoren, Venturidüsen oder ähnlichen Vorrichtungen bewirkt.

Eine effiziente Wärmeübertragung bei einer möglichst niedrigen Gastemperatur erfordert einen hohen Gasaustausch (Gasgeschwindigkeit). Damit die SMD vom Gasstrom nicht aus ihrer Bestückungsposition geblasen werden, wird dieser über Diffusoren oder ähnlich wirkende Elemente auf die Leiterplatte geleitet. Da jeder Hersteller ein eigenes Konstruktionsprinzip für die Zwangskonvektion entwickelt hat, kann auf weitere Anlagendetails nicht generell eingegangen werden.

Bei allen Konvektionslötanlagen treten die Nachteile von IR-Lötanlagen nicht auf. Sie können wegen der großen thermischen Masse und der trägeren Heizung meist nicht so schnell wie IR-Lötanlagen auf ein anderes Temperaturprofil umgestellt werden. Eine leiterplattenspezifische Temperaturprofilumstellung ist bei ihnen wegen der Eigenschaften der Zwangskonvektion allerdings selten erforderlich. In der Regel genügt zur Anpassung eine Änderung der Transportgeschwindigkeit.

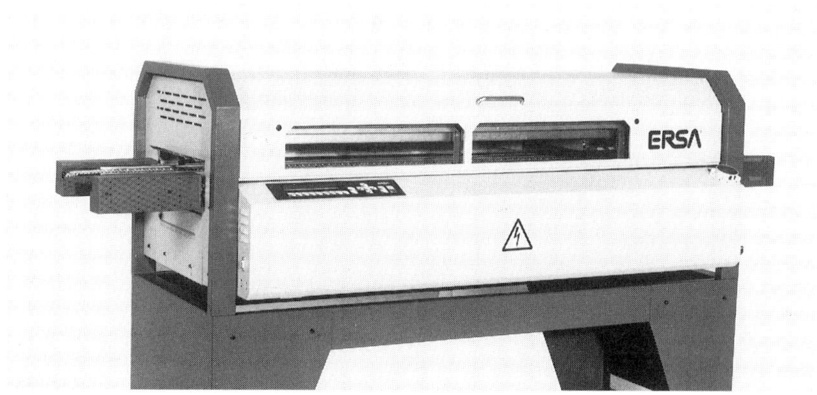

Abb. 9.7: Reflowlötanlage ERSA RES 250 mit Zwangskonvektion *(ERSA)*

Abb. 9.8: Schutzgasreflowlötsystem ATMOS CR mit Zwangskonvektion
(Electrovat Fertigungstechnik)

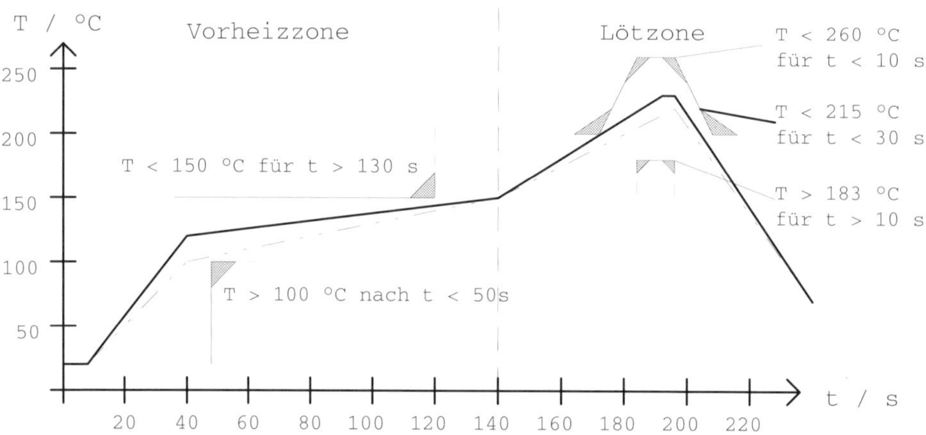

Abb. 9.9: Typisches Temperaturprofil beim Konvektionslöten

Ein entscheidender Vorteil ist die bessere Temperaturkontrolle. In den einzelnen Heizzonen wird die eingestellte Temperatur auch im Betrieb auf wenige Grad genau eingehalten (z. B.: 2 K). Die Temperaturen auf der Leiterplatte lassen sich ebenfalls genauer regeln, erreicht werden etwa 4 K. Der Marktanteil der Konvektionsanlagen nahm deshalb in den letzten Jahren laufend zu.

Alle industriell eingesetzten IR- und Konvektionslötanlagen sind Durchlaufanlagen *(Abb. 9.7, 9.8)*. Systeme mit 1 bis 24 getrennt einstellbaren Heizzonen (1 oberhalb bzw. 12 oberhalb und 12 unterhalb des Transportsystems) werden angeboten. Mit einer zusätzlichen Kühlzone (Kaltluftgebläse) läßt sich die Wärmebelastung der Baugruppen reduzieren. Kombinationsanlagen, die auch für das Aushärten von SMD-Kleber konzipiert sind, enthalten teilweise eine zusätzliche UV-Zone. Die Anlagen sind zwischen 0,5 und 7 m lang. Ähnliche Transportgeschwindigkeiten wie in Wellenlötanlagen werden erreicht. Leiterplatten bis zu 60 cm Breite können prozessiert werden. Gitterband-, Kettenstift- und Fingertransportsysteme sind im Einsatz. Computersteuerungen und *SMEMA*-Schnittstellen sind bei größeren Systemen üblich. Die meisten dieser Systeme sind zum Schutzgaslöten geeignet bzw. nachrüstbar. In der Praxis wird davon allerdings noch relativ selten Gebrauch gemacht.

Für die Labor- und Prototypenfertigung gibt es außer kleinen Tischanlagen neuerdings auch Einkammeranlagen. Die Leiterplatten werden bei diesen mit einem Schubladensystem in die Prozeßkammer transportiert. Das Löten erfolgt chargenweise. Das Temperaturprofil (der zeitliche Temperaturverlauf) wird durch eine entsprechende Steuerung der Heizelementleistung realisiert *(Abb. 9.9)*. Da die Leiterplatten während des gesamten Prozesses in Ruhe sind, ist eine kontinuierliche visuelle und eine Temperaturkontrolle ohne großen Aufwand möglich.

9.3.3 Kondensationslöten

Das älteste Reflowlötverfahren für SMD ist das Kondensationslöten, das auch als Dampfphasenlöten bezeichnet wird. Bei diesem Verfahren wird die Kondensationswärme eines Dampfes zum Löten benützt. Das Lötgut wird nach einer Vorwärmung in die Dampfzone transportiert. Da es kälter als der Siedepunkt des Dampfmediums ist, kondensiert der Dampf auf seiner gesamten Oberfläche bis diese seine Siedetemperatur erreicht. Die Erwärmung des Lötgutes bis zum Aufschmelzen des Lotes erfolgt wegen dieser effektiven Wärmeübertragung sehr schnell. Die Verweilzeit in der Dampfzone liegt bei etwa 10 bis 15 s. Damit das kondensierte Medium, das sehr teuer ist, nicht ausgeschleppt wird, darf das Lötgut erst dann aus der Lötzone transportiert werden, wenn seine gesamte Oberfläche die Dampftemperatur hat, so daß das Medium wieder abdunsten kann. Das Lötgut wird über eine Kühlzone aus der Anlage transportiert. Ein Vorteil des Kondensationslötens, der häufig übersehen wird, ist, daß es in einer praktisch sauerstofffreien Atmosphäre erfolgt.

Da im Prinzip die gesamte Dampfenergie zum Löten zur Verfügung steht, was in der Praxis ein quasi unbegrenztes Reservoir darstellt, eignen sich Dampfphasenanlagen für Lötaufgaben mit sehr unterschiedlichem und sehr großem Wärmebedarf. Da der Dampf überall hinkommt, bereiten auch schwierige Konstruktionen, z. B. unter einem SMD liegende Lötstellen keine Probleme. Wenn andere Lötverfahren nicht mehr funktionieren, wird deshalb im Hochtechnologiebereich fast überall dampfphasengelötet.

Da die Dampftemperatur festliegt, sind nur die Transportgeschwindigkeit und die Haltezeiten in den verschiedenen Zonen veränderbare Lötparameter. In der Praxis genügt meistens eine Parametereinstellung für alle Lötaufgaben *(Abb. 9.10)*.

Wenn Medien geeigneter Siedetemperatur verwendet werden, kann mit der dabei frei werdenden Kondensationswärme sehr schonend gelötet werden. Die Siedetemperatur sollte für eine gute Lötstellenqualität mindestens 30 K über der Schmelztemperatur des Lotes liegen. Andererseits sollte sie möglichst niedrig sein, um die auf die Baugruppe wirkende Temperaturbelastung gering zu halten. Da alle Kondensationslötanlagen offene Systeme sind – sie arbeiten alle ohne Überdruck – , kann sich der Dampf nicht über die Siedetemperatur überhitzen. Somit können auch keine höheren Temperaturen als die Dampftemperatur auf das Lötgut einwirken. Zum Löten werden chemisch inerte Fluorcarbonmedien mit Siedetemperaturen zwischen 215 und 220 °C eingesetzt.

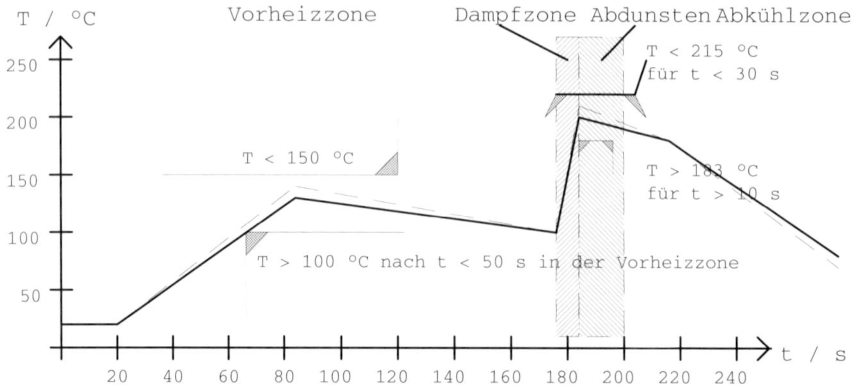

Abb. 9.10: Typisches Temperaturprofil beim Kondensationslöten

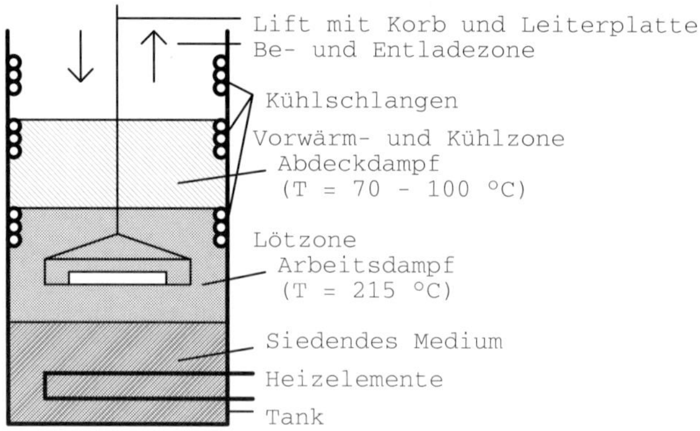

Abb. 9.11: Prinzip einer Zweiphasenkondensationslötanlage

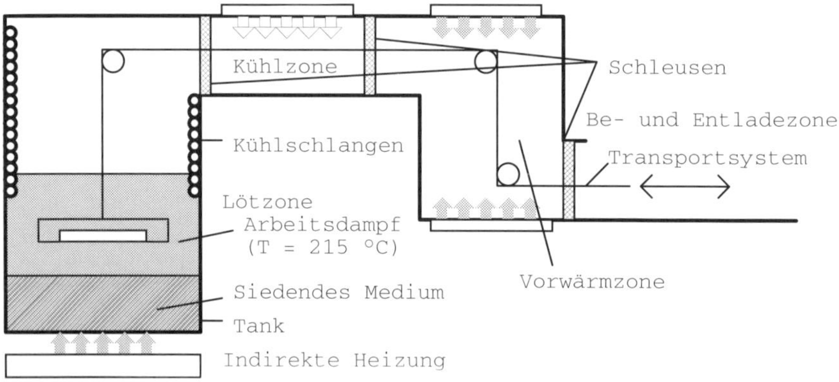

Abb. 9.12: Prinzip einer Einphasenkondensationslötanlage

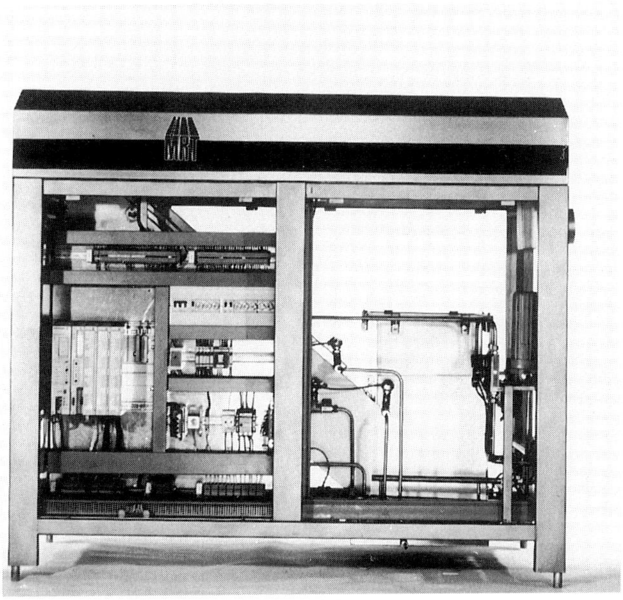

Abb. 9.13: Einphasen-Kondensationslötsystem der Baureihe MRT *(FSL Deutschland)*

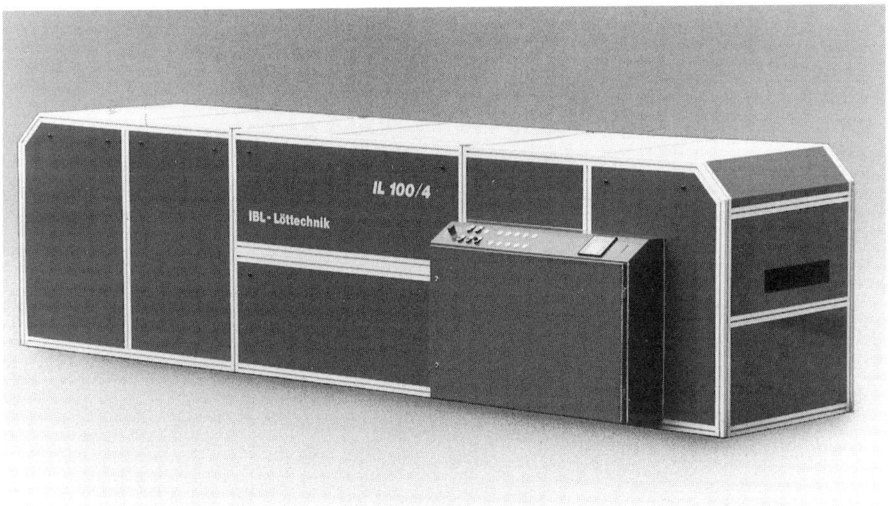

Abb. 9.14: Durchlauf-Dampfphasenlötanlage IL 100/4 *(IBL Löttechnik)*

Während früher Zweiphasenkondensationslötanlagen üblich waren, werden heute nur noch Einphasensysteme angeboten. Zweiphasensysteme *(Abb. 9.11)* arbeiteten, um die Verluste des Mediums gering zu halten, mit einer zusätzlichen Abdeckdampfzone. Da FKW (z. B. *FREON TF*) als Abdeckmedium eingesetzt wurde, waren die Anlagen nicht umweltfreundlich. Dies führte zu dem heute nicht mehr gerechtfertigten schlechten Ruf des Dampfphasenlötens. Die neu konstruierten Einphasensysteme *(Abb. 9.12)* sind

genauso umweltfreundlich wie andere Lötanlagen. Sie weisen auch ohne FKW-Einsatz ähnlich geringe Arbeitsmedienverluste auf. Seit einigen Jahren werden Arbeitsdampfmedien eingesetzt, die bei einer eventuellen Überhitzung keine Gefahrstoffe mehr entwickeln sollen, so daß auch keine Arbeitssicherheitsprobleme mehr bestehen. Zusätzlich sind alle modernen Systeme mit Sicherheitseinrichtungen ausgestattet und/oder weisen eigensichere Beheizungskonstruktionen auf.
Für die Massenproduktion werden (Einphasen-)Durchlaufsysteme angeboten. Löt- bzw. Durchlaufgeschwindigkeiten bis zu etwa 3 m/min werden damit erreicht *(Abb. 9.13, 9.14)*.

9.3.4 Konduktionslöten

Beim Konduktionslöten, einem ebenfalls seit langem praktizierten Reflowlötverfahren, wird die Wärme über das Auflagemedium übertragen. Es eignet sich für kleinformatige, einseitig bestückte und ausreichend wärmeleitende sowie temperaturbelastbare Schaltungsträger (Metall- und Keramiksubstrate, aber auch dünne Leiterplatten). Bei Durchlaufsystemen erfolgt die Wärmeübertagung über ein beheiztes Transportband, weshalb es auch als Bandlöten bezeichnet wird. Die einfachsten Konduktionslötgeräte sind regelbare Heizplatten, auf die das Lötgut direkt aufgelegt wird. Bei beiden Gerätetypen kann das Löten von oben verfolgt werden, so daß eine einfache Prozeßkontrolle möglich ist. Das Konduktionslöten wird außer in der Hybridschaltungsfertigung nur im Labormaßstab angewandt *(Abb. 9.15)*.

9.3.5 Laserlöten

Das innovativste Reflowlötverfahren und das schnellste Verfahren zum Erzeugen einer Lötstelle ist das Laserlöten. Die benötigte Wärmeenergie wird mit einem gesteuerten Laserstrahl auf die Lötstelle übertragen. Die hohe Laserleistung der (üblicherweise benutzten) gepulsten Nd:YAG-Laser führt innerhalb weniger Millisekunden zum Aufschmelzen. Da jede Lötstelle einzeln bzw. nur wenige gemeinsam aufgeschmolzen werden, erfordert es dennoch relativ viel Zeit, eine Leiterplatte vollständig mit dem Laser zu löten. Für das Löten kompletter Leiterplatten ist das Laserlöten wegen des hohen Anlagenanschaffungspreises und Schwierigkeiten bei vom Laserstrahl nicht direkt zugänglichen Lötstellen nicht sinnvoll. Es kommt vorwiegend beim nachträgli-

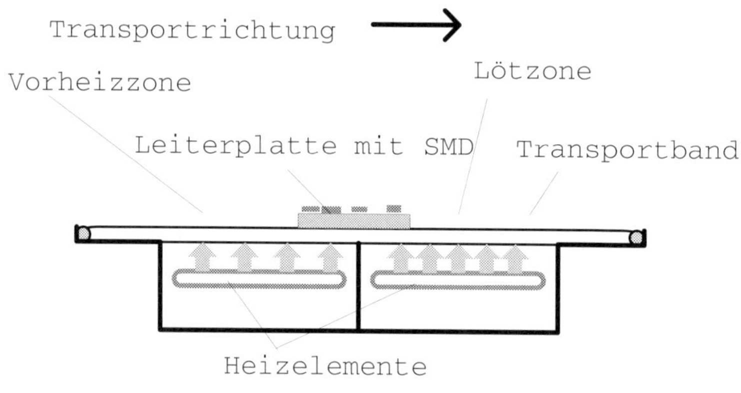

Abb. 9.15: Konduktionslötsystem (Prinzip)

chen Einlöten von FPD, TAB und ähnlichen Bauteilen sowie bei wärmekritischen Baugruppen zum Einsatz.

Da nur die Lötstellen selbst erwärmt werden, ist das Laserlöten mit keiner Temperaturbelastung der Leiterplatte oder der SMD verbunden. Diese bleiben während des gesamten Prozesses auf Raumtemperatur. Dies ist von großem Vorteil für die Lötstellen, weil keine Spannungen wie sonst beim Abkühlen entstehen. Mittels Laser erzeugte Lötstellen zeigen zudem ein besonders feinkörniges Gefüge. Sie sind damit besser belastbar.

Ein Teil der Laserstrahlung wird von der Lötstelle reflektiert. Die Reflexion verändert sich, wenn das Lot aufschmilzt. Dies kann zur Regelung des Lasers benutzt werden. Ein automatisches Abschalten, sobald das Lot geschmolzen ist, ist realisierbar.

Die angebotenen Systeme unterscheiden sich unter anderem in der Strahlführung (Ablenkung mit Polygonspiegeln oder Lichtleiterführung) sowie der Positionierung (feste oder bewegte Leiterplatte). Eine sehr schnelle hochpräzise Positionierung im Lötdauerbereich wird angestrebt. Bei geringeren Geschwindigkeitsanforderungen kann ein Laserlichtleiter mit einem Roboter über die Leiterplatte bewegt werden.

9.3.6 Stempellöten

Für ähnliche Anwendungen wie das Laserlöten kommt das Stempellöten (Bügellöten) zum Einsatz. Bei diesem Reflowlötverfahren wird die Wärme über einen bauteilspezifisch geformten Stempel (Heizbügel) auf die SMD-Drahtanschlüsse übertragen. Alle Drahtanschlüsse eines SMD werden gleichzeitig gelötet. Der Stempel wird direkt elektrisch beheizt, so daß seine Temperatur leicht geregelt werden kann. Er ist gut wärmeleitend und selbst nicht mit Lot benetzbar. Während des Lötens wird mit dem Stempel ein Druck ausgeübt. Dies hat den vorteilhaften Effekt, daß auch nicht koplanare Anschlüsse auf den Lötflächen aufliegen und erfolgreich gelötet werden. Die Lötzeiten liegen dank der hohen Stempeltemperaturen (im Bereich um 400 °C) und der guten Wärmeübertragung bei wenigen Sekunden.

9.3.7 Kolbenlöten

Auch in der SMT kommt der Lötkolben häufig zum Einsatz. Vor allem beim Reparieren und in der Prototypenfertigung wird mit dem Lötkolben gelötet. Abgesehen von den kleineren oder anderen SMT-Lötspitzen unterscheidet sich das Kolbenlöten in der SMT nicht von dem in der Lochmontage. Beachtet werden muß allerdings, daß SMD bzw. deren Anschlüsse empfindlicher als andere Bauelemente sind.

Für das schnelle Auslöten von Chipbauelementen werden Zangenlötkolben angeboten. Mit diesen werden die Chipbauelemente an ihren beiden Anschlüssen gleichzeitig entlötet.

9.3.8 Heißgaslöten

SMD, die nicht mit einer Lötkolbenspitze berührt werden dürfen oder deren Anschlüsse gleichzeitig gelötet werden müssen, können mit lötkolbenähnlichen Heißgasgeräten ein- und ausgelötet werden. Anstelle einer Lötspitze sind diese mit einer Heißgasdüse ausgestattet *(Abb. 9.16)*. Der Wärmetransfer erfolgt dabei über einen aus einer Düse auf die SMD-Anschlüsse gerichteten Strom heißen Gases. Luft, Stickstoff oder ein Prozeßgas dienen als Heißgas. Geeignete Heißgaslötgeräte und -düsen stehen für alle

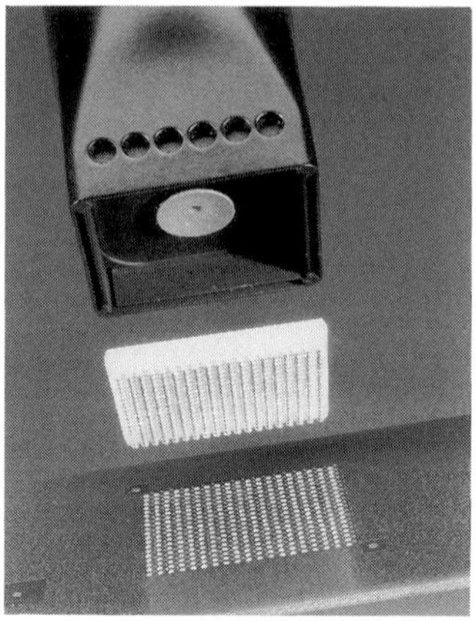

Abb. 9.16: Düse zum Heißgaslöten von BGA *(ZEVAC Auslötsysteme)*

Abb. 9.17: SMD-Reparatur-Arbeitsplatz Modell SMD 2004 mit Heißgaslötkolben *(EDSYN Europa)*

Abb. 9.18. SMT-Arbeitsplatz Expert-04 mit PC-gesteuerten Lötgeräten *(MARTIN)*

SMD-Typen zur Verfügung. Das Heißgaslöten ist deshalb für alle Reparaturaufgaben und die nachträgliche SMD-Montage einsetzbar. Besonders geeignet ist es wegen seiner begrenzten lokalen Wirkung zur Korrektur einzelner Lötstellen.

Neben Handgeräten werden aufwendigere Tischgeräte angeboten. Mit diesen können Lötaufgaben ausgeführt werden, bei denen eine hohe Präzision und eine exakte Temperaturkontrolle gefordert werden. Sogar BGA können mit speziellen Düsen heißgasgelötet werden *(Abb. 9.17, 9.18)*.

10 Reinigen von SMA

10.1 Reinigen oder Nichtreinigen

Viele SMA werden ohne eine Reinigung nach dem Löten produziert. Bei den meisten Anwendungen kann – wie die Praxis zeigt – beim Einsatz von No-Clean-Flußmitteln und entsprechenden Lötverfahren auf eine Reinigung verzichtet werden. Wenn aber höhere Zuverlässigkeitsanforderungen bestehen oder sich bestimmte Weiterbearbeitungsschritte anschließen, ist ein Reinigen in vielen Fällen notwendig. Das Reinigen von SMA ist schwieriger als das von Lochmontagebaugruppen, weil die SMD-Körper von der Leiterplattenoberfläche einen kleineren Abstand haben. Unter vielen SMD findet sich nur ein enger Spalt, der vom Reinigungsmedium nur schwer durchflutet werden kann.

SMA können nicht nur Verunreinigungen in Form von Flußmittelrückständen, sondern auch Lotrückstände (Lotperlen, Lotspritzer), Rückstände von abziehbaren Lötmasken und durch Berühren aufgebrachte Rückstände sowie Staub und Abrieb aufweisen. Diese inogenen, organischen und mechanischen Verunreinigungen können zu Fehlern im weiteren SMA-Prozeß oder Ausfällen der SMA-Funktion führen.

Ein Entfernen aller potentiell störenden Verschmutzungen ist sinnvoll. Gereinigt werden Elektronikbaugruppen überwiegend aus folgenden Gründen:

- um Kontakt(ierungs)probleme (z.B. beim Incircuittest) zu vermeiden
- um die Haftung nachfolgender Beschichtungen zu verbessern
- um Korrosion in feuchtwarmen Klimaten zu verhindern
- um Kriechströme bei hochohmigen Schaltungen auszuschließen
- um das Aussehen zu verbessern
- um Kundenvorschriften bzw. Normen zu erfüllen.

10.2 Reinigungsverfahren und -medien

Die Eigenschaften eines Reinigungsverfahrens werden in erster Linie vom eingesetzten Reinigungsmedium bestimmt. Vom Reinigungsverfahren wird gefordert:

- geringe Kosten (Reinigungsmedium, -anlage, Betrieb, Energieverbauch, Wartung, Entsorgung)
- universell anwendbar (verträglich mit allen SMD- und Leiterplattenmaterialien sowie den verwendeten Hilfsstoffen)
- nicht korrosiv
- universell wirkend (entfernt alle Verunreinigungen)

- bei niederen Temperaturen wirkend
- gute Reinigungswirkung in engen Spalten (unter SMD)
- ungefährlich (kein Gefahrstoff, arbeitshygienisch unbedenklich, weder leicht entflammbar noch explosiv)
- umweltfreundlich (rezyklierbar oder biologisch abbaubar)

Angesichts dieser vielen Forderungen ist es verständlich, daß es schwierig war, Ersatzstoffe für die in der Vergangenheit gebräuchlichen und seit 1993 in Deutschland mit einem Anwendungsverbot versehenen FCKW-Reinigungsmittel zu finden.

Inzwischen sind Reinigungsmedien, die einen Großteil der obengenannten Forderungen erfüllen, auf dem Markt. Es werden aber auch Mittel angeboten, die selbst Verunreinigungen hinterlassen oder mit einem Teil der Lötstoppmasken wechselwirken.

Folgende Medien bzw. Verfahren kommen zum Einsatz:

- wäßrige Reinigung (bei wasserlöslichen Flußmitteln)
- wäßrig-alkalische Reinigung (Gemisch aus Wasser und alkalischem Verseifungsmittel)
- halbwäßrige Reinigung (mit Kohlenwasserstoffgemischen) oder Terpenen und Zusatzstoffen als Lösungsmittel)
- alkoholische Reinigung (IPA ggf. mit Zusatzstoffen)
- Lösungsmittelreinigung (mit Kohlenwasserstoffgemischen)
- Reinigung mit inerten Fluorcarbon-Medien (Hot Liquid Cleaning)
- Kombinationsverfahren

Alkoholreinigungsverfahren werden, da für diese aufwendige explosionsgeschützte Anlagen notwendig sind, seltener als die anderen Reinigungsverfahren angewandt. Das Reinigen mit Fluorcarbon-Medien ist noch im Versuchsstadium. Laufend werden weitere Verfahren entwickelt.

In allen Fällen umfaßt der Reinigungsprozeß die drei Schritte Reinigen, Spülen und Trocknen. Reinigen und Spülen erfolgen oft in mehreren Stufen. Das Reinigen wird meistens mit mechanischer Unterstützung (Ultraschall, Hochdrucksprühen oder Bürsten) und bei erhöhter Temperatur durchgeführt.

Die Reinigungsmittelanbieter geben für ihre Produkte geeignete Prozeßparameter (Behandlungszeiten und -temperaturen) vor, was bei der Auswahl der Reinigungsanlage berücksichtigt werden muß.

Reinigungsmittel und -anlage müssen aufeinander abgestimmt sein. Anhand von einigen typischen Beispielen werden nachfolgend weitere Details der Reinigungsverfahren erläutert. Im Rahmen dieses Buches ist keine umfassende Darstellung möglich.

10.2.1 Alkoholische Reinigung

Reines Isopropanol (IPA) reicht nicht immer aus, um alle Verschmutzungen von SMA zu entfernen. Deshalb werden Gemische aus IPA und Zusatzstoffen, z.B. *BOARDCLEAN IS* verwendet. Folgendes vierstufiges Mehrkamerreinigungsverfahren wird für *BOARDCLEAN IS* vom Vertreiber, der Firma *Biesterfeld* empfohlen [11] *(Abb. 10.1)*.

- 60 bis 90 s Vorreinigungen mit BOARDCLEAN IS bei ca. 40 °C im Ultraschallbad in einer separaten Vorreinigungskammer

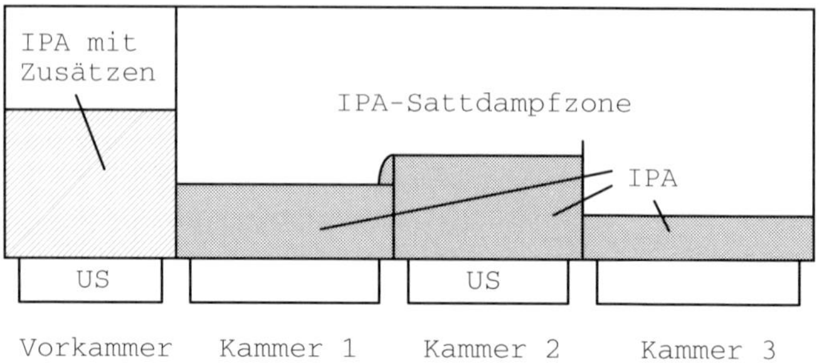

Abb. 10.1:Dreikammeranlage mit separater Vorkammer

- ca. 60 s Kondensatspülung im Dampfraum der ersten mit reinem IPA befüllten Kammer
- 60 bis 90 s Tauchreinigen im Ultraschallbad in der zweiten mit reinem IPA befüllten Kammer
- ca. 60 s Kondensatspülung im Dampfraum der dritten mit reinem IPA befüllten Kammer

Andere Mehrstufenreinigungsverfahren werden mit *BOARDCLEAN IS* ebenfalls praktiziert.

10.2.2 Lösungsmittelreinigung

Neue Lösungsmittelreiniger auf Kohlenwasserstoffbasis sind nicht mehr ozonschädigend sondern biologisch abbaubar. Beispielsweise empfiehlt *PB Chemicals Ltd.* für sein Produkt *PROZONE,* einem hochsiedenden Reinigungsmedium folgendes drei- oder vierstufiges Verfahren [12]:

- Tauchreinigen in *PROZONE* bei 35 bis 55 °C (ggf. mit Ultraschall oder mechanischer Bewegung)
- Tauchspülen in *PROZONE* bei 35 bis 55 °C (ggf. mit Ultraschall oder mechanischer Bewegung)
- Endreinigungen in sauberen *PROZONE*
- ggf. Trocknen mit Gebläse oder Vakuumtrocknern

10.2.3 Halbwäßriges Verfahren

Wassermischbare Lösungsmittel können mit Wasser abgespült werden. Beispielsweise können bei *PROZONE* alle Reinigungsschritte ab dem Spülen mit Wasser anstelle von *PROZONE* durchgeführt werden [12]. Ein anderes halbwäßriges Reinigungsverfahren ist das Reinigen mit einer Dispersion von Lösungsmittel und Wasser. Ein Beispiel ist das Reinigungsmittel *Axarel 32* der *Du Pont de Nemours GmbH.*

Ein zweistufiges Verfahren – Reinigen mit einer warmen 5 bis 10 %-igen Dispersion und Spülen mit Wasser – in einem speziellen Industriereinigungsautomaten wird für dieses Medium empfohlen. Die Sprühreinigungs- und Sprühspülzeit beträgt 30 Minuten. Die anschließende Gebläsetrocknung dauert 60 Minuten [13] *(Abb. 10.2).*

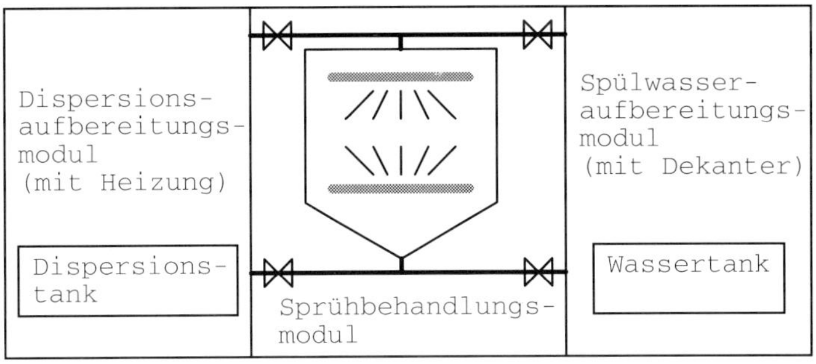

Abb. 10.2: Dispersionsreinigungsautomat

10.2.4 Wäßrig-alkalische Reinigung

Für die wäßrig-alkalische Reinigung von Leiterplatten werden phosphatfreie Verseifungsmittel angeboten. Sie können sowohl zum Reinigen in Mehrkammeranlagen als auch in ähnlich wie Geschirrspülmaschinen aufgebauten Industriereinigungsautomaten eingesetzt werden. Für *deconex 60 LP/M* wird vom Hersteller, der *BORER CHEMIE* AG beim Einsatz in Industriereinigungsautomaten eine Konzentration von 20 bis 30 ml/l und eine Arbeitstemperatur zwischen 45 und 65 °C empfohlen. Anschließend soll 2 bis 4 Mal mit vollentsalztem Wasser gespült werden [14].

10.3 Reinigungsanlagen

Für SMA eignen sich vor allem Sprühreinigungsanlagen und Tauchreinigungsanlagen mit geeigneten Ultraschalleinrichtungen. Bürstenreinigungsanlagen sind weniger geeignet, weil Bürsten nicht die Spalte unter den SMD reinigen, aber eventuell an empfindlichen SMD Schäden hervorrufen können.

Abb. 10.3: Technigraf-Dispersionsreinigungsautomat *(Du Pont)*

Ein- bis Fünfkammertauchreinigungs- und Chargen- sowie Durchlaufsprühreinigungsanlagen werden angeboten. Mit einer Durchlaufanlage lassen sich bis zu 36 m^2 Leiterplatten stündlich reinigen. Die Anlagenlänge hängt wegen der notwendigen Behandlungszeiten weitgehend vom geplanten Durchsatz ab.

Bei kleinerem Durchsatz erfolgt in der Regel eine chargenweise Behandlung. Dafür werden heute oft umgebaute Geschirrspülmaschinen oder ähnlich konstruierte Industriereinigungsautomaten eingesetzt. Eine Trocknung wird bei diesen einfachen Systemen gegebenenfalls in einem separaten Trocknungsgerät durchgeführt *(Abb. 10.3)*.

11 Qualität in der SMT

SMD werden, wie schon erwähnt, mit Ausnahme der Prototypen- und Kleinserienfertigung automatisch bestückt und gelötet. Auch Lotpasten- und Kleberauftrag erfolgen fast ausnahmslos mit Automaten. Automaten sind nicht nur kostengünstiger, sie weisen auch reproduzierbarere Ergebnisse auf als Menschen. Mit geeigneten SMT-Automaten ist eine annähernd fehlerfreie SMA-Produktion realisierbar. Unternehmen, die die SMT-Prozesse beherrschen, erreichen heute bei den einzelnen Prozessen Fehlerraten im ppm-Bereich. Eine SMA-Ausbeute von über 95 % im ersten Schritt (ohne Nacharbeit) wird allgemein angestrebt. Diese Ausbeuten werden mit qualitätssichernden Maßnahmen erreicht. Die Qualitätssicherung ist in der SMT wichtig, da einige der SMT-Prozesse (z. B. Lotpastendruck und Löten) prinzipiell fehlerträchtig sind. Auf fehlerträchtige Prozesse wirken viele Einflußfaktoren. Diese müssen kontrolliert werden.

11.1 Qualitätssichernde Maßnahmen

Eine Quasi-Null-Fehlerproduktion kann bei schwierigeren Prozessen durch ein Bündel qualitätssichernder Maßnahmen erzielt werden. Die SMT-Qualitätssicherung beginnt schon in der Konzeptionsphase. Sie erstreckt sich bis zur Weitergabe der fertigen SMA an den Kunden bzw. bis zu deren Einbau in ein Gerät.

Zu den qualitätssichernden Maßnahmen in der SMT vor der Produktion gehören:

- Qualitätskriterien für SMA festlegen (inkl. Anforderungen an Zuverlässigkeit, Oberflächeneigenschaften u. Lötstellen)
- SMT-Prozesse planen (Prozeßdesign) und Prozeßparameter definieren (Prozeßdokumentation)
- SMA-Design- und Schaltungslayoutregeln zusammenstellen
- Spezifikation und Qualifikation von SMD
- Spezifikation und Qualifikation von Leiterplatten
- Spezifikation und Qualifikation von Lotpaste
- Spezifikation und Qualifikation von SMD-Kleber
- Spezifikation und Qualifikation von anderen Hilfsstoffen
- Spezifikation und Qualifikation von SMT-Werkzeugen
- Spezifikation und Qualifikation von SMA-Produktionsgeräten
- Spezifikation und Qualifikation von SMA-Prüfmitteln

In der Konzeptions- und Entwicklungsphase einer SMT-Baugruppe werden alle verwendeten Materialien, Produktionsmethoden und -mittel spezifiziert und mittels möglichst praxisgerechten Prüfungen qualifiziert.

Während der SMA-Produktion und in deren Umfeld wird kontrolliert, ob alles den Vorgaben entspricht, um Fehler möglichst auszuschließen oder frühzeitig zu erkennen. Je später Fehler entdeckt werden, desto größer ist der erforderliche Reparaturaufwand. Fehler werden nicht nur umgehend korrigiert, sondern ihre Ursache wird analysiert und entsprechende Abhilfemaßnahmen eingeleitet.

Zu den qualitätssichernden Maßnahmen in der SMT während der Produktion und in deren Umfeld gehören:

- Lagerung von Lotpaste und SMD-Kleber unter definierten Bedingungen (in geschlossenen Behältern, bei niedriger Temperatur, mit begrenzter Lagerzeit)
- Lagerung von SMD unter definierten Bedingungen (in Originalverpackungen, bei geringer Luftfeuchte u. niedriger Temperatur, mit begrenzter Lagerzeit)
- alle Prozesse bei festgelegten Umgebungsbedingungen durchführen (in kontrolliertem Raumklima und Sauberkeit)
- ESD-Schutzvorschriften berücksichtigen
- Überprüfen von SMD und Leiterplatten vor der Montage (Lötbarkeit, sichtbare Beschädigungen, Identität)
- Überprüfen von Lotpaste und SMD-Kleber vor dem Auftragen (sichtbare Veränderungen, Lotpastenaufschmelztest)
- Überprüfen der SMT-Werkzeuge und SMA-Produktionsgeräte vor deren Einsatz (sichtbare Beschädigungen bzw. Betriebsparametereinstellung und -anzeigen)
- Überprüfen der SMT-Prozesse vor deren Anwendung (z. B. periodische Prozeßfreigabe anhand von Testmustern)
- Prozesse kontinuierlich überwachen (Prozeßkontrolle durch Ergebnisüberprüfung) und Prozesse steuern (z. B. Regelung mit APC oder SPC)
- alle Prozesse in der festgelegten Reihenfolge ausführen (z. B. SMA-spezifische Ablaufliste abhaken)
- Maßnahmen gegen Packagecracking durchführen
- sorgsames Handling von SMD und SMT-Baugruppen
- nur geeignete (überprüfte) Verpackungs- und Transportmittel benutzen

In der SMT-Produktion ist es üblich, daß die qualitätssichernden Maßnahmen– zumindest alle Routineaufgaben – von den Produktionsmitarbeitern selbst durchgeführt werden. Experten anderer Abteilungen werden nur in besonderen Fällen damit beauftragt.

11.2 Prüfungen

Viele der qualitätssichernden Maßnahmen sind optische Prüfungen oder mit optischen Prüfungen verbunden. Insbesondere erfolgen die SMT-Prozeßkontrollen in Form optischer Prüfungen.

Per Sichtkontrolle oder Automatischer Optischer Inspektion (AOI-Prüfung) werden die Ergebnisse folgender SMT-Prozesse überprüft:

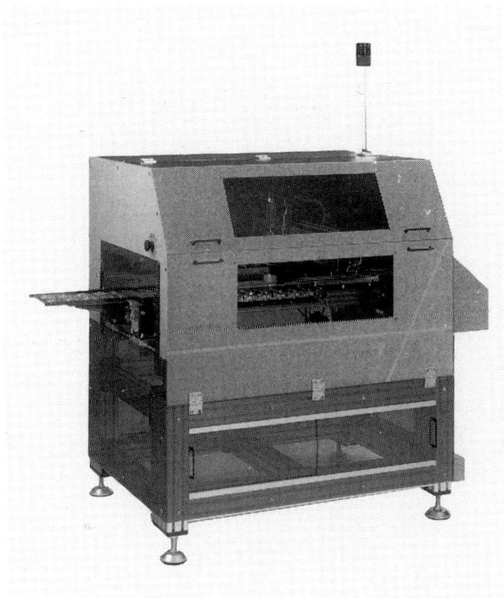

Abb. 11.1: In-line-Inspektionssystem Vipro 7/LS1.1 *(Grundig)*

- Lotpastendruck
- SMD-Bestückung
- Reflow- und Wellenlöten

Die Sichtkontrolle (visuelle Kontrolle) erfolgt bei kleinerem SMA-Durchsatz, die AOI-Prüfung in der Massenproduktion. Wegen der kleinen Strukturen werden bei der Sichtkontrolle Lupen und Mikroskope oder ähnliche Geräte eingesetzt. Trotzdem ist das visuelle Kontrollieren anstrengend und relativ fehlerträchtig. Zudem bewerten verschiedene Sichtprüfer – auch bei gleichem vorgegebenem Maßstab (Gut-, Schlecht u. Grenzmuster) – nicht immer gleich.

Objektiver sind im Prinzip automatische optische Inspektionssysteme (AOI-Systeme). AOI-Systeme sind programmgesteuerte Geräte, die aus einer Beleuchtungs- und Erfassungsoptik, einem Leiterplattentransport- und -positioniersystem, einem Bildverarbeitungs- und -auswertungssystem sowie einem Steuerungssystem bestehen. In der Praxis weisen sie oft eine hohe Pseudofehlerrate und einen großen Fehlerschlupf auf. Während nicht mit Lotpaste bedruckte Lötflächen, fehlende SMD und fehlende Lötstellen sowie Lotbrücken von den meisten AOI-Systemen sicher detektiert werden, ist die automatische optische Kontrolle von Lotpasten- und Lotmenge sowie der Lötstellenform noch problematisch. AOI-Systeme prüfen inzwischen so schnell, daß sie auch bei Großstückzahlen eine Hundertprozentprüfung ermöglichen. Sie können meist per Einlernen eines Gutmusters und per CAD-Daten programmiert werden *(Abb. 11.1)*.

Durch Bauteile verdeckte Lötstellen (z. B. unter PLCC und BGA) und das Lötstellengefüge (z. B. Risse und Blasen) können mit einer Röntgenprüfung kontrolliert werden. Diese erfaßt gleichzeitig die Lotmenge. Die Röntgenprüfsysteme sind noch aufwendiger als AOI-Systeme, vom Durchsatz her aber beschränkter. Sie werden deshalb oft nur zur Prozeßqualifizierung und bei Stichprobenkontrollen angewandt *(Abb. 11.2, 11.3)*.

Als Abschluß der SMT-Prozesse erfolgt bei SMA wie bei Lochmontagebaugruppen ein Incircuittest oder eine andere elektrische Prüfung. Der Incircuittest ist bei SMA schwie-

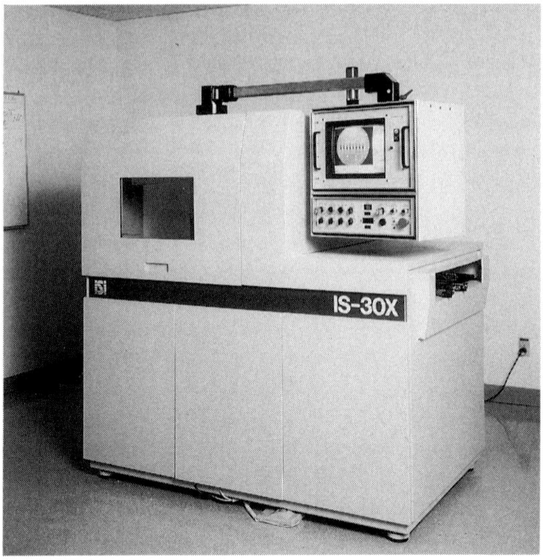

Abb. 11.2: Echtzeit-Röntgeninspektionssystem IS-30X *(Peter Jordan)*

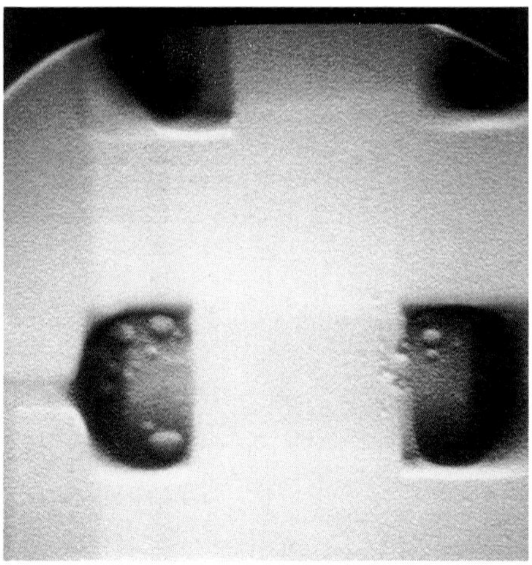

Abb. 11.3: Röntgenbild von SMD-Lötstellen mit Lunkern *(gktec)*

riger durchzuführen, da in der Regel zusätzliche Kontaktierungsflächen auf der Leiterplatte zur Verfügung gestellt werden müssen und zudem eine Kontaktierung oft nur in einem feineren Rastermaß möglich ist. Für alle Schaltungsknoten muß für den Incircuittest eine Kontaktierung ermöglicht werden. Ein Kontaktieren von SMD-Anschlüssen und -Lötstellen sollte vermieden werden, weil dadurch Beschädigungen und Fehlmessungen hervorgerufen werden können. Ein Verlängern der SMD-Lötstellen zum sicheren Kontaktieren ist möglich. Besser geeignet sind separate Kontaktierungsflächen. Auch bei beidseitiger Bestückung sollte nur von einer Seite kontaktiert werden, da beidseitige Incircuittestadapter sehr teuer sind.

12 Organisation und Layout von SMT-Fertigungen

Während für die verschiedenen Lochmontagebauelementtypen jeweils spezielle Bestückungsautomaten benötigt werden, können (fast) alle SMD mit denselben Automaten bestückt werden. Dies ermöglicht einen wirtschaftlichen Bestückungsautomateneinsatz schon bei kleineren Stückzahlen. Die Wirtschaftlichkeit ist einer der Hauptgründe, weshalb SMA abgesehen von einzelnen Prototypen und Kleinstserien generell mit Automaten bestückt werden. SMT-Fertigungen werden durch die automatische SMD-Bestückung geprägt. Zentraler Punkt jeder SMT-Fertigung ist das Bestückungssystem. Die anderen SMT-Fertigungseinrichtungen sind mit diesem mittels Informations- und Transportsystemen verbunden und bilden eine SMD-Montagelinie oder stehen als separate Einheiten in dessen unmittelbarer Umgebung und bilden eine SMD-Montagezelle.

SMD-Montagezellen aus nicht miteinander verbundenen, separaten Fertigungseinrichtungen sind in kleineren SMA-Fertigungen üblich. Sie bestehen beispielsweise aus einem Vorbereitungsplatz, an dem lose SMD magaziniert werden, einem Siebdrucker zum Auftragen von Lotpaste oder SMD-Kleber, einem Bestückungssystem und einem Reflowlötsystem sowie einem Kontroll- und Reparaturplatz, an dem auch von Hand nachbestückt werden kann. Das Bestücken der Lochmontagebauelemente und das Wellenlöten erfolgt außerhalb der SMD-Montagezelle. Die Aufträge werden chargenweise behandelt. Die einzelnen SMT-Prozesse erfolgen unabhängig voneinander. Ein Wechsel der Prozeßreihenfolge (Überspringen und Zurückspringen, z. B. ein manuelles

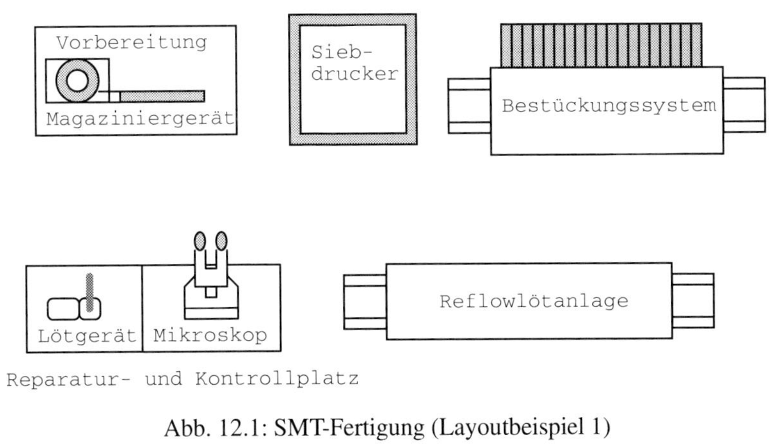

Abb. 12.1: SMT-Fertigung (Layoutbeispiel 1)

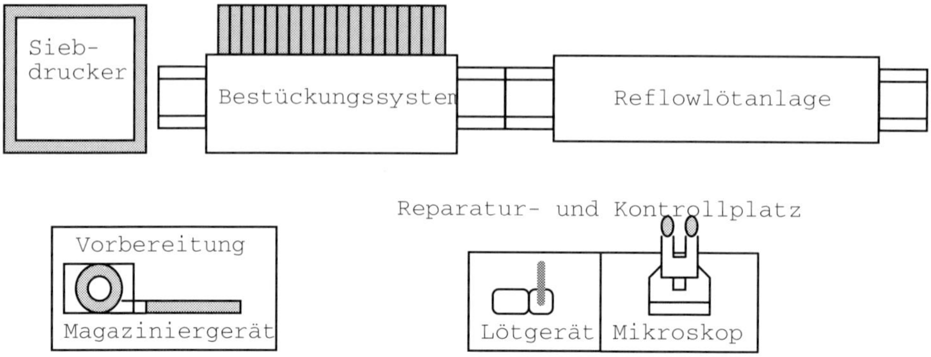

Abb. 12.2: SMT-Fertigung (Layoutbeispiel 2)

Bestücken nach dem Automatenbestücken) ist möglich. Die Fertigungseinrichtungen müssen nicht alle gleichzeitig in Betrieb sein. Die Betriebsdauer der einzelnen Prozesse ist unterschiedlich. Sie richtet sich nach dem tatsächlichen Bedarf *(Abb. 12.1)*.

Einfache SMD-Montagelinien können durch Hintereinanderstellen des Bestückungssystems und der Reflowlötanlage aufgebaut werden. Dies wird bei größeren Kleinserien- und Mittelserienfertigungen praktiziert. Der manuelle Transport der Leiterplatten entfällt zwischen Bestücken und Löten. Das Risiko, daß SMD vor dem Löten aus ihrer Bestückungsposition verrutschen, wird dadurch reduziert. Die Lötanlage muß, damit kein Stau auftritt, dieselbe oder eine größere Transportgeschwindigkeit wie das Bestückungssystem haben. Alle Leiterplattenchargen werden mit demselben Temperaturprofil gelötet, wenn der Prozeß nicht zur Temperaturprofilumstellung unterbrochen wird. Ein manuelles Bestücken nach dem Automatenbestücken erfordert auch einen Eingriff in den Prozeß *(Abb. 12.2)*.

Der Sieb- bzw. Schablonendruck kann durch Voranstellen eines Durchlaufsiebdruckautomaten mit dem Bestückungssystem verbunden werden. Der Durchsatz eines vollautomatischen Siebdruckers ist so groß, daß diese Version erst zusammen mit dem Einsatz leistungsfähiger Bestückungssysteme sinnvoll ist *(Abb. 12.3)*.

Die optischen Prozeßkontrollen lassen sich ebenfalls in eine SMD-Montagelinie integrieren. Die Kontrolle des Montageergebnisses kann direkt nach dem Löten mit einem AOI-System durchgeführt werden *(Abb. 12.4)*.

Weitere AOI-Systeme werden bei größeren Fertigungen teilweise zusätzlich nach dem Lotpastendruck zur Lotpastendruckbildkontrolle und nach der Bestückung zur SMD-Positionierungskontrolle in die SMD-Montagelinie integriert.

Die SMD-Magazinierung und das Rüsten der Zuführstationen sowie das Reparieren finden außerhalb der SMD-Montagelinien statt.

Verkettete Mischbestückungslinien sind in größeren Fertigungen Standard. Oft werden diese für eine flexible Produktion so aufgebaut, daß die Baugruppen verschiedene Wege bzw. Prozeßabläufe (Reflow- und/oder Wellenlöttechnik) durchlaufen können. Steuerbare Umlenkstationen führen die Leiterplatten den Automaten einzeln zu. Vor und nach den Automaten installierte Pufferstationen dienen zum Ausgleichen der unterschiedlichen Bearbeitungszeiten. Manuelle Reparaturplätze können, um den gesamten Bau-

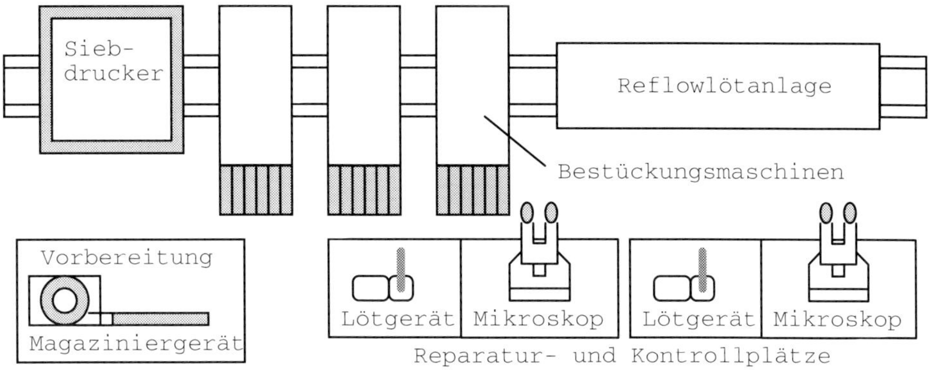

Abb. 12.3: SMT-Fertigung (Layoutbeispiel 3)

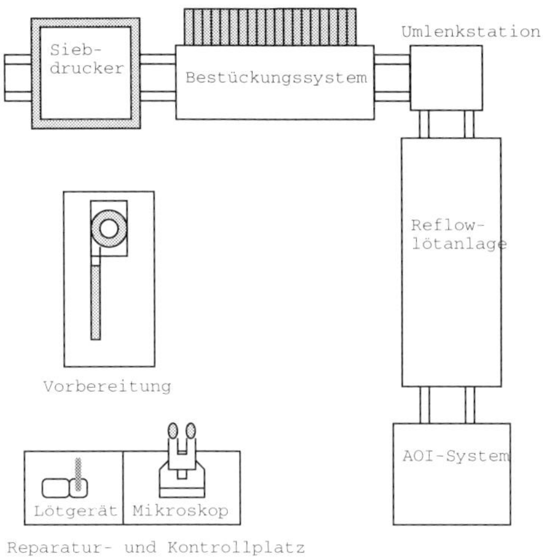

Abb. 12.4: SMT-Fertigung (Layoutbeispiel 4)

gruppentransport zu automatisieren, über Pufferübergabestationen an die Linien angeschlossen werden *(Abb. 12.5)*.

Zu den Mischbestückungslinien für Großserien gehören ebenfalls einige periphere manuelle (Vor- und Nacharbeits-)Arbeitsplätze.

Komplexere Montagelinien sind nicht nur mechanisch mit einem gemeinsamen Transportsystem, sondern auch informationstechnisch miteinander verbunden. Die Steuerungssysteme (meistens PC) der einzelnen SMT-Fertigungseinrichtungen tauschen ihre Daten über ein Netzwerk mit dem Linienrechner bzw. einem Leitstand aus. Die Montagelinien können auf diese Weise zentral überwacht und gesteuert werden.

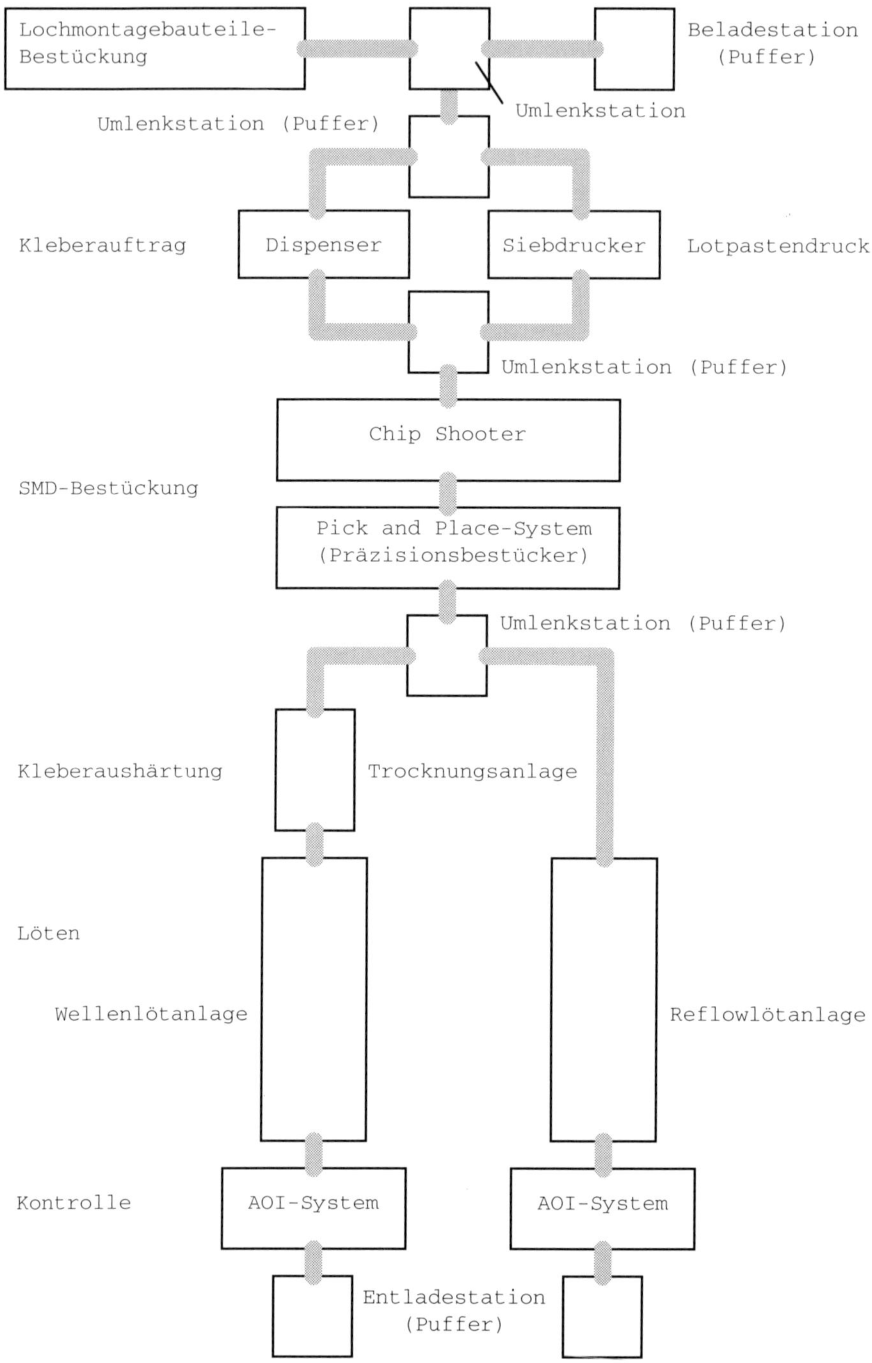

Abb. 12.5: SMT-Fertigung (Layoutbeispiel 5)

Es ist bei komplexeren Montagelinien üblich, auf den Leiterplatten eine Balkenkodierung (engl.: Barcode) zur Identifizierung anzubringen. Diese wird an der Linienbeladestation oder von den Lesestationen der einzelnen Fertigungseinrichtungen erfaßt. Die spezifischen Einstellparameter und die Bestückungsprogramme der Leiterplatten werden dann automatisch aus einem Datenspeicher geladen. Damit ist eine vollautomatische flexible Produktion möglich.

Damit während des Betriebs kein Umrüsten erforderlich wird, müssen alle benötigten SMD-Typen auf den Zuführstationen des Bestückungssystems festgerüstet sein. Wenn nur mit Dispenser oder einem Siebdrucker mit automatischem Schablonenwechsel gearbeitet wird, kann eine Losgröße 1-Produktion ohne jegliches Umrüsten erfolgen. Eine flexible Produktion mit Losgröße 1 wird von vielen Investitionsgüterherstellern angestrebt. Die SMT bzw. die angebotenen SMT-Fertigungseinrichtungen bieten dafür günstige Voraussetzungen.

13 Literatur

13.1 Quellen

[1] Wallechner, H.: Benchmarking – Teil der Qualitätssicherung, Tagungsbericht Leiterplatte '92 Band 2 (VDI-Berichte 966), S. 1ff, VDI-Verlag Düsseldorf, 1992

[2] Tyler, R. L.: SMT: The Impact on Process and Market, Circuits Assembly, April 1991, S. 74-80

[3] N.N.: IC-Gehäusetechnologie als SMD-Trendbarometer, SMD/Hybrid-letter1 (1991)1, S.1

[4] N.N.: SMT-Dominanz mit Verzögerung, Markt & Technik v. 28.08.92, S. 20

[5] Handbuch der Leiterplattentechnik, Band 3, S. 390, Eugen G. Leuze-Verlag, Saulgau/Württ. 1993

[6] Draeger, G.: Die Fertigungskette optimieren, SMT 5(92)8, S. 53

[7] Cygon, M.: High Tech Basismaterial für die Leiterplatte der 90er Jahre, Informationsschrift der Isola Werke AG, Düren 1992, S. 1

[8] Kasper, A.; Messmer, H.: Denn Sie wissen, was sie tun, productronic 12(1992)10, S. 80

[9] Müller, H.: OMB/SMD Oberflächenmontierte Bauelemente in der Leiterplattentechnik, S. 53, Eugen G. Leuze-Verlag, Saulgau/Württ. 1986

[10] Müller, H.: OMB/SMD Oberflächenmontierte Bauelemente in der Leiterplattentechnik, S. 54, Eugen G. Leuze-Verlag, Saulgau/Württ. 1986

[11] BOARDCLEAN IS, Datenblatt der Wilhelm E. H. Biesterfeld GmbH, Hamburg

[12] PROZONE, Datenblatt der BP Chemicals Ltd., London/Großbritannien 1992

[13] Neuer Reinigungsprozeß auf Emulsionsbasis für mittlere und kleine Hersteller, Presseinformation der DuPont de Nemours International S. A., Genf/Schweiz 1993

[14] deconex 60 LP/U flüssig, Datenblatt der BORER CHEMIE AG, Zuchwil/Schweiz 1992

Bemerkung:

Produktbeschreibungen und Datenblätter der führenden Hersteller von SMD und SMT-Produktionsmitteln wurden als Informationsquellen benutzt.

13.2 Literaturempfehlungen

Herrmann, G.: Handbuch der Leiterplattentechnik, Band 2, Eugen G. Leuze-Verlag, Saulgau/Württ. 1991

Herrmann, G.: Handbuch der Leiterplattentechnik, Band 3, Eugen G. Leuze-Verlag, Saulgau/Württ. 1993

Klein Wassink, R. J.: Weichlöten in der Elektronik, 2.Aufl., Eugen G. Leuze-Verlag, Saulgau/Württ. 1991

Ellis, B. N.: Reinigen in der Elektronik, Eugen G. Leuze-Verlag, Saulgau/Württ. 1989

Müller, H.: OMB/SMD Oberflächenmontierte Bauelemente in der Leiterplattentechnik, 2. Aufl., Eugen G. Leuze-Verlag, Saulgau/Württ. 1988

Die Welt der Surface Mount Technology, Messeausgabe zur Productronica 1993, Firmenschrift der Siemens AG, München 1993

13.3 Normen

CECC 00802: Anforderungen und Klassifizierung von SMD

IPC-SM-782 A: Surface Mount Land Patterns (Configurations and Design Rules)

IPC-S-816: SMT Process Guideline and Checklist

ANSI/IPC-SM-784: Guidelines for Chip-on-Board Technology Implementation (1990)

IPC-MC-790: Guidelines for Multichip Module Technology Utilization

ANSI/IPC-S-815 B: General Requirements for Soldering Electronic Interconnections (1987) (deutsche Ausgabe: Allgemeine Anforderungen an das Löten von elektrisch leitenden Verbindungen (IPC-Richtlinien S-815 B) Eugen G. Leuze-Verlag, Saulgau/Württ.)

ANSI-J-STD 001: Requirements for Soldered Electrical and Electronic Assemblies (1992)

ESA-PSS-01-738: High-reliability soldering for surface mount and mixed technology printed-circuit-boards (1991)

MIL-STD-2000 A: Standard Requirements for Soldered Electrical and Electronic Assemblies (1991)

DIN 8505 Teil 1: Löten; Allgemeines, Begriffe
DIN 8505 Teil 2: Löten; Einteilung der Verfahren, Begriffe (1979)

DIN 1707: Weichlote (1981)

DIN 8511 Teil 2: Flußmittel zum Weichlöten (1988)

Stichwortverzeichnis